—— 八闽茶韵 ——

福建茶话

福建省人民政府新闻办公室　编

编　著：郑廼辉　张娴静　叶乃兴
　　　　江　铃　王振康

 海峡出版发行集团　福建科学技术出版社
THE STRAITS PUBLISHING & DISTRIBUTING GROUP　FUJIAN SCIENCE & TECHNOLOGY PUBLISHING HOUSE

图书在版编目（CIP）数据

福建茶话 / 福建省人民政府新闻办公室编；郑廼辉等编著.—福州：福建科学技术出版社，2019.10
（"八闽茶韵"丛书）
ISBN 978-7-5335-5801-7

Ⅰ.①福… Ⅱ.①福… ②郑… Ⅲ.①茶文化－福建 Ⅳ.
①TS971.21

中国版本图书馆CIP数据核字（2018）第298969号

书　　名	福建茶话
	"八闽茶韵"丛书
编　　者	福建省人民政府新闻办公室
编　　著	郑廼辉　张娴静　叶乃兴　江　铃　王振康
出版发行	福建科学技术出版社
社　　址	福州市东水路76号（邮编350001）
网　　址	www.fjstp.com
经　　销	福建新华发行（集团）有限责任公司
印　　刷	福建彩色印刷有限公司
开　　本	700毫米×1000毫米　1/16
印　　张	10
图　　文	160码
版　　次	2019年10月第1版
印　　次	2019年10月第1次印刷
书　　号	ISBN 978-7-5335-5801-7
定　　价	48.00元

书中如有印装质量问题，可直接向本社调换

序 言

梁建勇

"八闽茶韵"丛书即将出版发行。以茶文化为媒，传承优秀传统文化，促进对外交流，很有意义。

福建是中国茶叶的重要发祥地和主产区之一。好山好水出好茶，八闽山水钟灵毓秀，孕育了独树一帜福建佳茗。早在 1600 年前，福建就有了产茶的文字记载。北宋时，福建的北苑贡茶名冠天下，斗茶之风风靡全国，催生了蔡襄的《茶录》等多部茶学名作，王安石、苏辙、陆游、李清照、朱熹等诗词名家在品鉴闽茶之后，留下了诸多不朽名篇。元朝时，武夷山九曲溪畔的皇家御茶园盛极一时，遗址至今犹在。明清时，福建人民首创乌龙茶、红茶、白茶、茉莉花茶，丰富了茶叶品类。千百年来，福建的茶人、茶叶、茶艺、茶风、茶具、茶俗，积淀了深厚的茶文化底蕴，在中国乃至世界茶叶发展史上都具有重要的历史地位和文化价值。

茶叶是文化的重要载体，也是联结中外、沟通世界的桥梁。自宋元以来，福建茶叶就从这里出发，沿着古代丝绸之路、"万里茶道"等，远销亚欧，走向世界，成为与丝绸、瓷器齐名的"中国符号"，成为传播中国文化、促进中外交流的重要使者。

当前，福建正在更高起点上推动新时代改革开放再出发，"八闽茶韵"丛书的出版正当其时。丛书共12册，涵盖了福建茶叶的主要品类，引用了丰富的历史资料，展示了闽茶的制作技艺、品鉴要领、典故传说和历史文化，记载了闽茶走向世界、沟通中外的千年佳话。希望这套丛书的出版，能让海内外更多朋友感受到闽茶文化韵传千载的独特魅力，也期待能有更多展示福建优秀传统文化的精品佳作问世，更好地讲述中国故事、福建故事，助推海上丝绸之路核心区和"一带一路"建设。

2019 年 2 月

目　录

一

悠久辉煌闽茶史

一

（一）辉煌的福建茶业

　　我国关于茶的记载始于神农时期，至今已有 4000 多年的历史了。福建种茶、制茶和饮茶历史悠久：三国时期，福建境内"温麻船屯"，在引进苏浙造船工官、技术工匠的同时，亦将苏浙流行的烹茶习俗、种茶技术带到温麻县（今霞浦县或连江县境内）一带。晋代，福建宁德霞浦县黄瓜山贝丘文化遗址曾出土彩绘兔毫盏饮茶茶具，南安丰州莲花山出现"莲花茶襟"石刻，可见当时已有种茶。唐代，陆羽《茶经》对福建产茶史实已有详述。宋代，福建的龙团凤饼名冠天下，有"建溪官茶天下绝"之誉。元代，武夷御茶园盛极一时。明清时期，更是福建茶叶迅速扩张的繁盛时期，随着制作工艺由团茶到散茶的发展，产品花色逐渐增多，福建成为我国重要的茶叶主产区。

　　福建有着十分优越的产茶的地理条件，地处亚热带，海洋性季风气候，年平均气温 17—21℃，年降雨量 1000—2000 毫米，水热资源等均有利于茶树生长，所产茶叶品质上乘。

　　福建有"茶树品种王国"之称，拥有国家级茶树良种 26 个、省级良种 20 个，无性系良种推广面积达 95％以上，居全国领先水平。福建省农业科院茶叶研究所、武夷山市和安溪县的品种资源圃都保存有众多的国内外茶树品种资源。

　　福建茶区积累了丰富的茶树种植栽培经验，从茶园建立、茶树的繁育，到日常管理、采摘，技术先进，均有独到之处。

　　福建制茶工艺不断推陈出新，为丰富我国茶产品花色有过诸多

福建嵛山岛有机茶园（叶芳养供图）

贡献。唐宋时期的龙团凤饼，制作之精细，品饮之考究，堪称世界一绝。随着散茶的发展，更是百花齐放。红茶、乌龙茶、白茶、茉莉花茶皆为闽人首创。如今，福建制茶工艺、制茶机械设备、智能化生产技术交相辉映，各类茶品质日益提高。福建绿茶（天山绿茶、南安石亭绿、七境堂绿茶、官司绿茶）、红茶（正山小种、三大工夫红茶）、乌龙茶（武夷岩茶、安溪铁观音、漳平水仙茶饼、永春佛手、闽北水仙、闽南水仙）、白茶（福鼎白茶、政和白茶、建阳白茶）、茉莉花茶，闻名遐迩，誉达天下。

历史上福建是茶叶市场的开拓者。"海上丝绸之路"和"茶叶之路"起点在福建。闻名于世的泉州刺桐港、福州茶港、宁德的三都澳港、漳州的月港、厦门港以及以武夷山为起点的万里茶路，都为茶叶的进出口贸易做出巨大的贡献，留下了千古佳话。今天，福建茶人正在"一带一路"倡议的引领下，加快茶业优质高效生产步伐，以年产40多万吨茶叶的骄人业绩，位居全国榜首。伴随着全球经济一体化的进程，闽茶的芬芳将传播到五洲四海。

（二）可溯的唐代以前茶业

福建茶事文字记载，最早见诸福建南安市丰州古镇的莲花峰石上的摩崖石刻"莲花荼襟，太元丙子"（376），这比陆羽《茶经》记载要早300余年。古时丰州是闽南政治、经济、文化的中心。莲花峰位于镇北桃源村的西北处，早在西晋即建有莲花岩寺。

东晋"莲花荼襟，太元丙子"石刻
（郑廼辉供图）

唐代陆羽《茶经·八之出》记载："岭南生福州、建州……其恩、播、费、夷、鄂、袁、吉、福、建、泉、韶、象十一州未详。往往得之，其味极佳。"福州、建州是福建古州名，也是福建取名的由来。唐代时泉州也已是茶产区。

唐代李肇《唐国史补》载"福州有方山之露牙"，《唐书·地理志》载"福州贡腊面茶，盖建茶未盛以前也"，均可说明福州的茶叶在唐朝就已闻名，而建州茶至唐末年后来居上，名扬九州。徐夤《尚书惠腊面茶》（904—914）云：

> 武夷春暖月初圆，采摘新芽献地仙。
>
> 飞鹊印成香蜡片，啼猿溪走木兰船。
>
> 金槽和碾沉香末，冰碗轻涵翠缕烟。
>
> 分赠恩深知最异，晚铛宜煮北山泉。

这首诗写到唐时武夷茶的采制时间、礼祭、制作、运输、煮饮，是福建地区最早的茶诗作之一。

闽龙启元年（933），开闽王王审知次子王延钧继位。同年，建州建安吉苑里茶焙地主张延晖，将其凤凰山数十里茶园献给闽国，由此受封阁门使，掌管凤凰山茶园。因凤凰山在闽国北部，故称"北苑御焙"。保大四年（946），南唐朝命建州制"的乳"，号曰京铤腊茶之贡，始罢贡阳羡茶，由此北苑茶走向兴盛。

唐后期至五代十国，中原民众南下移居入闽。泉州安溪自然条件适宜茶树生长，加上增加了外来的人力和技术，茶叶生产在寺庙和农家中得到发展。五代时，开先县令詹敦仁（914—979）与当时安溪产茶寺院的名僧交往中，留下了"活火新烹涧底泉，与君竟日款谈玄。酒须迳醉方成饮，茶不容烹却足禅"等多首茶诗。

（四）快速发展的宋元茶业

茶叶产制

宋元代是我国茶业生产迅速发展的重要时期。宋代安溪茶业有了较大发展，清水、圣泉等名岩已产名茶。宋代初年，五代越王钱俶幕僚黄夷简退居安溪后，作诗"宿雨一番蔬甲嫩，春山几焙茗旗香"。据《安溪县志》《清水岩志》等史料记载，宋元时期安溪的民间和寺庙中已普遍产茶，而制茶手工业的出现则表明安溪茶叶的发展已具产业雏形。漳州最早的茶叶文字记载见于《太平寰宇记》（约987），书中"江南东道"载"漳州土产蜡茶。"闽东、莆田地区茶业也有较大发展。不过，宋元发展最快、最负盛名的当属北苑贡茶。

"天下之茶建为最，建之北苑又为最。"建茶包括建州属地建溪两岸所产之茶，北苑贡茶和武夷茶则是其代表。自宋太宗于太平兴国二年（977）起，朝廷便在闽国御焙的基础上遣使监造北苑贡茶，此后北苑贡茶一直是宋室皇族及官僚士大夫们的珍品，并一直繁荣至宋王朝的灭亡。

北苑贡茶的采制分为采、拣、蒸、榨、研、造和过黄七道工序，要求极高，宋徽宗赵佶《大观茶论》云："本朝之兴，岁修建溪之贡，龙团凤饼，名冠天下，壑源之品，亦自此而盛。"

北宋咸平元年（998），丁渭任福建转运使，监造御茶，始制凤团，后又制龙团。北苑龙凤茶是一种饼状茶团，属蒸青片类。龙凤茶团面上印龙凤花纹，龙纹称龙团、团龙，凤纹称凤团、团凤，合称龙团凤饼。龙团凤饼茶选料苛严，制作费时耗工，《画墁录》载，当时"不过四十饼，专拟上供；虽近臣之家，徒闻而未尝见"。庆历年间（1041—1048），蔡襄任福建路转运使，造小龙团受朝廷赏识。欧阳修《归田录》载："茶之品莫贵于龙凤，谓之小团，凡二十八片，重一斤，其价值金二两。然

北苑贡茶古道

赵佶《大观茶论》

金可有，而茶不可得。"熙宁四年（1071），贾青为福建转运使，始制密云龙，二十饼重一斤，双袋装的叫双角团茶，绯色包装为赏赐大臣，黄盖包装为御用。哲宗绍圣年间（1094—1097）又推出瑞云翔龙，其品在密云龙之上。徽宗大观初（1107—1110），开始崇尚三色细芽，即御苑玉芽、万寿龙芽、无比寿芽。

北苑贡茶发展最高峰的时期当是宣和年间（1119—1121），郑可简任福建路运使，制成龙团胜雪。其制作工艺考究：将新抽茶枝

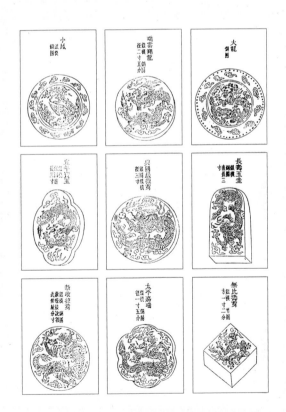

宋代龙团凤饼纹样

上的嫩芽尖采下，经蒸过后，剥去稍大的外叶。只取其心一缕，用清泉清涤，光明莹洁，若银线，然后制成形如方寸新铧，面有小龙图案蜿蜒其上。此茶造价惊人，专供皇帝。

建茶精者有十品，即龙茶、凤茶、京铤、的乳、石乳、头金、白乳、蜡面、头骨、次骨。龙茶以供乘舆及赐执政、亲王、长主，

北京故宫保存的龙凤茶饼

而凤茶则赐予皇族、学士、将帅，京铤、的乳赐予舍人、近臣，白乳赐馆阁。如此得赐有序，体现了封建王朝的官阶等级森严。

北苑贡茶的蓬勃发展，也推动了茶文化的发展。据统计，宋代茶书绝大多数是关于建安茶事的，共有 16 部之多。宋徽宗赵佶《大观茶论》，对北宋时期蒸青团茶的产地、采制、烹试、品质、斗茶风尚等均有详细记述；丁谓《北苑茶录》，记述贡茶采制之法；蔡襄《茶录》，阐述建安茶与茶器的烹饮艺术；宋子安《东溪试茶录》介绍了北苑茶焙、茶产差异等。

元代蒙古人入关建都立朝，官员热衷于搜集民间名产奇珍，当得到武夷茶后，将其列为纳贡之品。至元十六年至大德元年（1279—1297），元朝官员高兴数度亲入或派人入武夷山监制贡茶，供皇上和朝官享用，因而得到朝廷赏识。大德五年（1301），

武夷御茶园

时任福建行省邵武路总管的高兴之子高久往，奉命到邻近的武夷山监制贡茶，翌年，指派崇安县邑人孙瑀在武夷山九曲溪四曲南畔兴建皇家御茶园，专门制作贡茶。

御茶园布局恢宏，前有人凤门，后有拜发殿、清神堂、思敬亭、宜淑亭、浮光亭、碧云桥……所有殿、堂、亭取名大都与茶有关。随着贡茶数量增多，泰定五年（1326），崇安县令又在左右各建有制茶厂，悬挂"茶场"大匾。御茶园制茶之水则取自山泉，将泉水引入后门的通仙井，井上覆以龙亭。通仙井现存。武夷山正式兴建御茶园制茶充贡时达255年，至明嘉靖三十六（1557）才废止。

斗茶

斗茶始于唐代，兴于宋代。最早是北苑茶农为选出好茶入贡而进行的点茶比赛。历任福建路转运使，为了谋求皇帝的宠信，北苑贡茶不断推陈出新。每年清明节期间，各品新茶参斗。古人斗茶，或十几人，或五六人，大都为一些名流雅士，还有店铺的老板，街坊亦争相围观。斗茶者各取所藏好茶，轮流烹煮，相互品评，以分高下。

北宋政治家、文学家范仲淹在《和章岷从事斗茶歌》中对斗茶的情景做了生动描述：

年年春自东南来，建溪先暖冰微开。

溪边奇茗冠天下，武夷仙人从古栽。

……

研膏焙乳有雅制，方中圭兮圆中蟾。

北苑将期献天子，林下雄豪先斗美。

鼎磨云外首山铜，瓶携江上中泠水。

黄金碾畔绿尘飞，碧玉瓯中翠涛起。

斗茶味兮轻醍醐，斗茶香兮薄兰芷。

……

卢仝敢不歌，陆羽须作经。

森然万象中，焉知无茶星。

……

不如仙山一啜好，泠然便欲乘风飞。

君莫羡花间女郎只斗草，赢得珠玑满斗归。

从诗中我们可以感受到当年斗茶的盛况。

斗茶内容包括：斗茶品、斗茶令、茶百戏。斗茶品以茶"新"为贵，斗茶用水以"活"为上。斗茶程序和评判胜负的标准：一是汤色，即茶水的颜色，标准以纯白为上，青白、灰白、黄白者则稍逊。茶汤纯白，表明采的茶青鲜嫩，制作恰到好处；颜色青白，说明蒸茶火候不足；颜色灰白，说明蒸茶火候已过；颜色黄白，说明采制不及时。二是汤花，即汤面泛起的泡沫，汤花的色泽也以鲜白为上。汤花泛起后，水痕出现的早者为负，晚者为胜。如

宋代斗茶图

果茶饼质量一流，点茶、击拂等程序都恰到好处，汤花就匀细，可以紧咬盏沿，久聚不散，这种最佳效果名曰"咬盏"，也是高质量茶品的标志。斗茶令，即古人在斗茶时行茶令。行茶令所举故事及吟诗作赋，皆与茶有关。茶令如同酒令，用以助兴增趣。茶百戏，又称汤戏或分茶，即将煮好的茶，注入茶碗中的技巧，能使茶汤汤花瞬间显示瑰丽多变的景象。高明的茶百戏，汤花若山水云雾，状花鸟鱼虫，如一幅幅水墨图画，这需要较高的沏茶技艺。

茶具

建窑黑釉茶盏　宋代建窑艺人因材施艺，烧制出独具特色的黑釉茶盏而闻名天下。其兔毫花纹之绚丽，油滴斑点之灵动，曜变色彩之幽玄，令人叹为观止。特别是曜变建盏，是当今世界名品中的

名品，其胎骨、造型、釉色、花纹、装饰等方面都已做到极致，堪称世界陶瓷的珠峰。

建盏的釉属于结晶釉，在窑炉烧制过程中，由于火候与气氛的原因，它会形成各种不同的花纹。这种花纹不经人工雕琢，而

南宋曜变天目碗

是自然天成的，因此建盏具有天人合一的艺术效果。建盏釉色大体可分为黑色釉、兔毫釉、鹧鸪斑釉和杂色釉四种类型，其单独釉色具体还可细分。因此，建窑黑釉品种丰富多彩，其中尤以兔毫、鹧鸪斑最为名贵，也是点试茶家的最爱，受到了人们的热捧。

宋代斗茶品茗之风盛行，到浙江天目山佛教寺院参禅学法的日本僧人用建盏喝茶，并把它携带回日本。由于他们不知建盏产自何处，因而称之为天目碗。现保存在日本的大量建盏天目茶碗，除了日本僧人带回的一部分外，其余的绝大多数是靠中国出口贸易输入的。日本是当今世界上收藏天目茶碗最多的国家。其品种之丰富，器物之精美，是世界上任何国家所无法比拟的。

同安窑珠光茶碗　宋元时代是福建茶文化发展登峰造极的时候，这时期福建晋江磁灶窑、同安汀溪窑、德化窑烧制的各类瓷器在日本及东南亚的菲律宾、泰国、马来西亚、新加坡、印度尼西亚等地均有发现。南宋到元初，福建南部沿海地区的青瓷器普遍有胎

体厚重、釉层薄、釉色青中泛黄或褐色，以及器内壁多施篦纹、刻花或篦点锥刺纹，外壁刻画复线纹等特征。考古发现，主产于泉州、同安一带的此类青瓷器大量输出海外。18世纪以前，日本茶道界把主产于福建同安窑的此类

北宋同安窑珠光茶碗

青瓷画花篦点纹茶碗称为珠光茶碗，后又名珠光青瓷。珠光青瓷之名源于日本15世纪著名的草庵茶道创始人、日本茶道始祖村田珠光。日本有关考古材料表明，在日本的镰仓时代，这类茶碗曾风行除北海道之外的日本其他地区。珠光青瓷茶碗因此成为中日茶道文化交流的使者，也成继宋代建阳建窑茶具之后，福建对日及东南亚贸易茶具中的另一宗重要商品。

（五）空前兴盛的明清茶业

不同茶类的创制

乌龙茶创制于武夷山，17世纪逐步流行。著名茶僧释超全的《武

夷茶歌》中记载：

> 凡茶之产准地利，溪北地厚溪南次。
>
> 平洲浅渚土膏轻，幽谷高崖烟雨腻。
>
> 凡茶之候视天时，最喜天晴北风吹。
>
> 苦遭阴雨风南来，色香顿减淡无味。
>
> 近时制法重清漳，漳芽漳片标名异。
>
> 如梅斯馥兰斯馨，大抵焙时候香气。
>
> 鼎中笼上炉火温，心闲手敏工夫细。

该诗是福建武夷山生产武夷茶的历史见证，蕴含了远古至清朝关于武夷茶区茶的发展历程、采摘、制作、种类以及武夷山特有的祭祀和喊山习俗等丰富的茶文化信息。

　　铁观音创制于安溪。《安溪茶歌》记载："安溪之山郁嵯峨，其阴长湿生丛茶……迩来武夷漳人制，紫白二毫粟粒芽……溪茶遂仿岩茶样，先炒后焙不争差。"明崇祯十三年（1640）前后，安溪茶农在长期的生产实践中，创造出"茶树整株压条繁殖法"。茶树无性繁殖法的发明，是明代安溪对全国茶业发展的一大贡献。驰名中外的铁观音于清雍正年间（1725—1736）在西坪发现。现福建省许多优异的乌龙茶品种原产安溪，

铁观音母树所在地——安溪西坪尧阳

16

如本山原产西坪镇，黄棪、佛手原产虎邱镇，毛蟹原产于大坪乡，大叶乌龙原产长坑乡，梅占原产芦田乡。同时期，乌龙茶制作技艺由安溪传入台湾，随后创制出台湾包种茶。

正山小种发源地——武夷山桐木关

红茶创制于武夷山。关于红茶的诞生，还有一段有趣的故事：明末清初时局不安，桐木是入闽的咽喉要道。有一次一支军队从江西进入福建过桐木，占驻茶厂，时逢采茶季节，士兵们以满地茶青为床，就此睡了一夜。待制的茶青因受压与放置过久缘故，均发酵产生红变。茶农为挽回损失，采取易燃松木加温烘干，形成了茶叶特有的一股浓醇的松香味，即桂圆干味。不料这种特殊香味竟然得到海内外消费者的喜爱，由此产生正山小种。关于小种最早的记载是《清代通史》："明末崇祯十三年红茶始由荷兰转至英伦。" 18世纪红茶需求量的急剧扩大，19世纪红茶迅猛发展，至1840年鸦片战争，清政府被迫开放五口通商，华茶出口急剧增加，终于在19世纪后期华茶出口达到鼎盛时期，也是红茶最辉煌的时期。

近代白茶创制于福鼎。据清代周亮工《闽小记》及福建地方志编委会编撰的《福建白茶的调查研究》记载，清嘉庆初年（1796），福鼎人用菜茶芽为原料，创制白毫银针，简称小白。1857年，福鼎大白茶茶树选育成功，用其芽头制成白毫银针，简称大白。福鼎大

白茶制作的白毫银针外形、内质、出口价均远优于菜茶加工的银针。据《福建省地方志》载，政和县于1880年选育出政和大白茶，1889年开始用其产制银针。白毫银针在光绪十六年（1891）已有外销，自1890年起继工夫红茶之后直销欧美，1921—1916年为白毫银针全盛时期。1922年建阳水吉创制白牡丹。

花茶的起源可以追溯到唐代，当时在制作龙团凤饼时加入微量的龙脑香料，以增加茶的香气。宋代时因担心花香影响茶的真味，不主张用香料来熏茶。到了南宋，用鲜花加工花茶的工艺得到恢复。但茉莉花茶的商品化生产则是从清朝开始的。咸丰年间（1851—1861）福州已有许多大作坊生产茉莉花茶。

清朝福州北峰茶园

茶具

明清时代，泉州德化县成为我国南方著名的瓷品产地之一。受唐宋金银茶具的影响，德化白瓷茶具特别讲究形质之美，以其致密的瓷胎、极其良好的透光度及如脂胜玉的色泽釉面，在瓷坛中独树一帜。明代德化白瓷产品最有代表性的是各类仙释人物，但同时德化窑也烧制大量白瓷茶具，远销东南亚和欧洲各国，其中以杯、碗、壶为大宗。

交趾香合

同时期，漳州平和县也是烧制瓷器的重要产地。考古人员在对平和南胜、五寨两处古窑址进行考古挖掘中，发现明清时代窑址和大量明清青花、五彩和单色瓷，经研究确认其是专为东南亚各国烧制的外销瓷。平和田坑窑挖掘发现一批形态各异的瓷盒，其盖、身多刻画或模印各种精美的动物、植物纹样，表面多施黄、绿、紫三彩色釉，属于明清时期的素三彩器。平和田坑窑被确定为日本交趾香合茶道具的真正产地。平和素三彩即为交趾香合，曾于17世纪风靡日本茶道界，并作为大型茶事活动中一种盛香、观赏两用的茶道具，300多年来一直为日本茶道中人所钟爱。

工夫茶艺

乌龙茶自创制后，适于乌龙茶的品饮方式工夫茶随之兴起。工夫茶也作功夫茶，在古籍中二者俱见。施鸿保《闽杂记》（1857）记载："漳泉各属，俗尚功夫茶，器具精巧，壶小有如胡桃者名孟公壶，杯极小者名若深杯。……饮必细吸久咀，否则相为嗤笑。"休现了闽南工夫茶沏茶器具之精巧、泡茶流程之讲究、

———
工夫茶茶具

品茶方式之独特。袁枚《随园食单》载："余游武夷，到幔亭峰、天游寺诸处，僧道争以茶献。杯小如胡桃，壶小如香橼，每斟无一两，上口不忍遽咽，先嗅其香，再试其味，徐徐咀嚼而体贴之，果然清芬扑鼻，舌有余甘。一杯之后，再试一二杯，令人释躁平矜，怡情悦性。"生动地描述了品饮武夷茶的方法和感受。俞蛟《潮嘉风月记》（1801）中提到"工夫茶烹治之法……投闽茶于壶内冲之……今舟中所尚者唯武夷"，从"投闽茶"和"唯武夷"等字句可见，潮汕工夫茶是福建工夫茶艺随乌龙茶而传入潮汕。

（六）坎坷的民国时期茶业

民国时期是一个多事之秋，中国经历了连续数载的内战，又经

受14年抗日战争。连年战事，民生凋倒，发展生产更是不易，闽茶开始从兴盛走向衰落。抗日战争全面爆发后，乌龙茶主要外销口岸厦门、汕头相继沦陷，海关紧闭，水路断绝，茶叶无从出口。国民党政府又对茶叶实行统制，苛捐重税下茶农生活维艰，茶厂倒闭，茶园荒芜，产量逐年下降，茶叶生产岌岌可危。

1938年，由张天福创办的原建于沿海的福建省建设厅福安茶业改良场迁移到闽北崇安县的武夷山麓赤石街尾，更名为福建省农业改进处崇安茶业改良场。1940年，由中国茶叶公司和福建省合资兴办福建示范茶厂，原崇安茶业改良场并入示范茶厂，示范茶厂下设福安、福鼎分厂和武夷、星村、政和制茶所。由张天福任厂长，庄晚芳任副厂长，吴振铎等任茶师，林馥泉任武夷所主任，王学文任星村所主任，陈椽任政和所主任。从此武夷山成了福建茶叶生产、

武夷山茶叶研究所

研究基地。1942 年，在示范厂厂址上兴建研究基地，名为中华财政部贸易委员会茶叶研究所，福建示范茶厂并入研究所，吴觉农任所长，蒋芸生任副所长。研究所进行茶树更新、茶树苗栽培实验、制茶方法改进、土壤和茶叶内含物化验、编印茶叶刊物、推广新技术等，为全国茶业发展做出了贡献。

民国时期，武夷山成了茶叶专家荟萃之地。1986 年出版的《中国农业百科全书》所载的"中国十大著名茶叶专家"，有吴觉农、蒋云生、王泽农、庄晚芳、陈橼、李联标、张天福等 7 人曾在武夷山工作。此外，庄任、吴振铎、林馥泉等一大批茶师也曾在武夷山从事茶业工作。

二

丝绸之路播茶香

—

（一）海上茶路

　　"海上丝绸之路"起点在福建。公元 5 世纪起，福建就已开辟了远洋航线，刺桐港（泉州）、福州港、月港（漳州）、厦门港、三都澳港（宁德）等港口相继开港，茶叶成为"海上丝绸之路"对外输出的重要物资。

　　"丝绸之路"这一名称是由德国地理学家李希霍芬在 1877 年出版的《中国》一书中首先提出的，原指两汉时期中国与中亚河中地区以及印度之间，以丝绸贸易为主的交通路线。历史上，交通不发达的年代，我国航海技术处于世界领先地位。在通过陆路与世界各国交往贸易的同时，我国还通过海路与亚非各国建立了贸易关系。福建港口经济发达，茶叶是海上丝绸之路重要的贸易物品，通过海上茶路向世界各地传播。

刺桐港

　　刺桐港应该是福建历史上最知名的港口之一。早在公元 6 世纪的南朝，印度僧人拘那罗陀两次抵达泉州，在泉州西郊九日山上翻译《金刚经》。那个时期泉州一带就有茶叶生产了，茶禅一味，国外僧侣识茶、喝茶、传播茶也开始了。到了唐代，福建产茶记载渐多，茶叶也随着泉州港对外贸易的扩展向外传播。

　　五代时，泉州为闽国辖地，闽王王审知十分重视海外贸易，"招来海中蛮夷商贾"，泉州的海外交通得到进一步发展。五代后期，泉州扩大了城市范围，并增辟了道路和建置货栈，以适应海外交通贸易发展的需要。

宋代，泉州海外交通、贸易空前繁盛。当时刺桐港被誉称为"世界最大贸易港"之一，驰名中外，与埃及亚历山大港齐名。宋元祐二年（1087）福建市舶司设泉州，刺桐港与70多个国家和地区有贸易往来，海外交通畅达东、西二洋，东至日本，南通南海诸国，西达波斯、阿拉伯和东非等地。进口商品主要是香料和药物，出口商品主要有丝绸、瓷器、茶叶等。宋代福建茶叶蓬勃发展，斗茶之风传向海外，日本的茶道、韩国的茶礼都直接或间接相继由我国传入。

元代，刺桐港得到了进一步的发展，有贸易关系的国家和地区增至近百个。其贸易范围仍以通西

建于北宋的泉州清净寺，是具有阿拉伯风格的伊斯兰教古寺

建于南宋的泉州真武庙

洋为主，相对稳定的航线大抵与宋代相仿。当时刺桐港是国际重要的贸易港，也是中外各种商品的主要集散地之一，可谓万商云集。茶叶也随着贸易的通达，传到国内外各地。

明代，泉州的社会经济进一步发展，但由于明政府施行了严厉的"海禁"，使刺桐港对外贸易受到极大限制。成化十年（1474）市舶司移设福州，泉州的往来远驿也随同市舶司废置，标志着泉州港外贸地位的下降。

清代，在清初战争和海禁、迁界的影响下，泉州的社会经济遭到严重破坏，港口的繁华已烟消雾散，刺桐港的外贸业务全由厦门港所取代。从此以后，泉州港便走向衰落，变成地方性的小港。

福州港

福州港位于闽江入海口，有着 2000 多年的悠久历史。早在汉代时，福州港就以东冶港的名称在中国的航运和对外贸易交往方面扮演着重要的角色。隋唐时期，随着国力的强大、国内外航海贸易的发展，福州港进一步发展，成为一个重要的对外贸易港。当时福

福州茶港（1870
年约翰·汤姆森摄）

州港在对外贸易方面，已和广州、扬州处于同等重要的地位。

至明清，随着福州经济进一步发展，经济腹地的开发，福建管理海外贸易及征税的福建市舶司于明成化十年（1474）迁往福州，福州港更成为国家指定的对外贸易的主要港口之一。而郑和下西洋，累驻福州外港，促进了福州与海外的贸易交往，客观上也使得福州港的地位得到进一步提高。

19世纪中叶，福州港凭借着茶叶产销的地理位置优势，愈加繁荣。太平天国运动（1851—1864）发生后，广州、上海之路阻断，令外商感到在福州设立茶叶贸易的必要性，"使中国商人从广州和上海转移到这里来"。先后有美国、英国等西方国家在福州设茶栈、洋行。不到几年时间，福州的茶叶出口便迅速增加。1856年以后，福州港就将广州抛在它的后面了，甚至在1859年还超越上海，居全国茶叶出口第一大港之地位。福建的茶业受此风气影响，亦有了长足的发展。"海禁既开，茶业日盛，洋商采买，辏集福州"。福州遂成驰名世界之茶叶集中地，各地商船蜂拥而至。1853年到福州运输茶叶的外国飞剪船至少6艘，次年便增至55艘。1854年福建茶从福州出口13万担（1担为50千克），1855年增加至27万担。广州专门采运崇安红茶的13家茶行，1853年后纷纷迁号福州，继续采办红茶外，兼办青茶，被称为箱茶帮。到19世纪80年代，福州茶店茶

19世纪福州万寿桥及运茶叶的船只

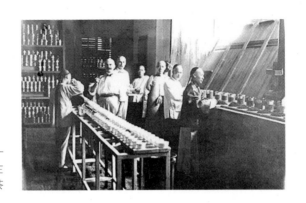

1890 年，英国商人在
福州品茶

庄已达 90 余家，遍及沿海城市，"福州之南台地方，为省会精华之区，洋行、茶行，密如栉比，其买办多广东人，自道咸以来，操是术者皆起家巨万"，并形成各种茶帮公所。至此，福建沿海建立起完整的茶叶出口网络，而福州也在短期内成为全国最大的茶叶出口中心。

1861 年，福州正式设关。光绪四年（1878），福州口岸出口茶叶 80 多万担，约占全国出口总量 1/3，其中武夷茶占 1/10。1880 年福建茶输出竟达 80.1 万担，创福建茶输出最高记录。

此时也是历史上坦洋工夫发展的鼎盛时期，福安、寿宁、周宁、柘荣、霞浦等及浙江泰顺等县所产制的红毛茶，集中到福安坦洋等地精制加工。福安水路较方便，通过水路，经交溪等河流运至赛岐港，通过轮船运出境外。赛岐港茶叶多由福州的福泰轮船公司专门负责茶叶运输，运至福州、厦门、广州等地出售。福鼎生产的白琳工夫红茶和白毛猴、莲心等绿茶，多是南广帮（指广东茶行"广泰"等与闽南茶行"金泰"等）在产地开茶馆收购、转运、销售。宁德等地生产的绿茶，大都从产地靠肩挑运至三都，再从三都澳海路运往福州加工茉莉花茶或由福州转口销售。

福州港与其他茶叶出口港口不同，它完全是因茶叶出口而繁荣的，以茶叶出口为主要贸易活动。福州港实质上是福建外销茶出口的代理口岸。另外，福州处于广州、上海两大对外贸易中心之间，除了靠近茶叶产区外，相比之下发展对外贸易没有优势。因此当福建茶叶外销不力后，福州在贸易上也就没有太大的吸引力，所以"福州比其他茶叶港口所受的打击更为严重"。失去茶叶外销后的福州，商业一片萧条。据统计，1894 年福建的进出口贸易占全国的 7.5%，百分比只及鼎盛时的一半，福建在国内的对外贸易地位急剧下降。至 19 世纪末叶，福州港口的地位渐次下降。

月港

元末明初，随着刺桐港的衰弱，漳州月港崛起了，而且出现了私人海上贸易集团，促进了漳州地区的经济发展。至明朝中期，月港已经成为"闽南一大都会"，有"小苏州"之称。清初，由于郑成功的抗清活动，月港的地位逐渐为厦门取代。

月港在清时期也有一定的茶叶交易规模。同治年间（1862—

曾经"海舶鳞集"的
月港码头

1874）创办的奇苑茶庄，经营武夷岩茶至新加坡、马来西亚、泰国、缅甸等地销售。奇苑茶庄在武夷山拥有宝国岩、慢陀东、慢陀西、下霞宾岩、珠帘洞、芦柚岩、岭脚岩、龙珠岩等众多茶园，年销售的茶叶达数十万斤，常占漳州全市茶叶的一半以上。"自从奇苑来漳设庄，引销'夷茶'并打开新局面之后，利之所在，原以经营'溪茶'为主的其他茶庄亦纷纷采运'夷茶'来漳销售。于是'夷茶''溪茶'在市场上并驾齐驱并互争雄长。"程日介（约1714—1746），著《噶喇吧纪略》中，记述了由中国出口吧城的产物四大类16种中国物产："茶、漳烟、丝袜、丝绸、花缎、丝带、纸料、瓷器、铜壶、川漆、龙眼、柿果、青果、面粉、人参、土茯诸药材等。由吧城贩往中国的物产36种。"这些记载都表明末清初一段时期内福建茶叶外销的繁荣景象。

厦门港

厦门港地处金门湾和九龙江出海口，介于我国上海与广州之间，东北距福州港370公里，南距广州720公里，东距台湾省基隆港411公里。

宋代，厦门作为刺桐港的外围辅助港，岛上设五通、东渡两处官渡。元时设立"嘉禾千户所"，军港地位初步建立。明时，厦门港和漳州月港成了海上走私贸易的主要口岸，海上交通初具规模，已有10条通洋航线。

清顺治七年至十八年（1650—1661），厦门港是郑成功海路"五商"（以仁、义、礼、智、信五字为5家商行之代号）通台湾、日本、吕宋及南洋各地的中心。清康熙二十二年（1683）台湾统

丝绸之路播茶香

31

一后，厦门设"台厦兵备道"。康熙二十三年（1684）闽海关设立，厦门为其正口，成为"凡海船越省及往外洋贸易者，出入官司征税"之地。雍正五年（1727），清政府规定所有福建出洋之船，均须由厦门港出入，厦门港为福建省出洋总口。嘉庆元年（1796），成为"通九译之番邦""远近贸易之都会"，与厦门往来的东西洋国家和地区达 30 多个。

重开海禁后，厦门代漳州而起。福建茶叶与厦门有着历史渊源的关系。英文中茶叶称"tea"，其发音就是闽南语"茶"的发音。

在厦门出口货品中，茶叶占主导地位，主要是闽南的安溪乌龙茶、龙岩宁洋茶和闽北崇安的武夷茶。1845 年，英国人在厦门设德记、和记两家洋行，随后又陆续设汇丰、怡记、合记、宝顺、协隆、广顺、利记、丰记、嘉士、查士等 20 家洋行。1850 年，德国也来设立宝记、新利记两家洋行。接着，美国设立旗昌、美时洋行，还有西班牙设立端记洋行等。这时期在厦门的各国洋行有 30 来家。1869 年以后，台湾乌龙茶也开始从厦门输出美国，并且逐渐成为厦门最重要的外销茶。1869—1881 年，厦门茶叶贸易发展到鼎盛时期，年平均销量达 10 万担以上，1877 年甚至高达 1712 万担，茶叶出口量在全国排名第四，位于福州、汉口、九江之后。漳州专营武夷岩茶的奇苑茶店，清末也在厦门设立茶栈，将武夷岩茶运至新加坡、

1871 年厦门港

马来西亚、泰国、缅甸等地销售。

至 1890 年，茶叶贸易全靠乌龙茶和台茶。据统计，1874 年厦门出口茶叶 7.2 万担，台茶由厦门转口 2.5 万担；而到 1894 年，直接出口只有 2.9 万担，转口则达 137 万担。1887 年，厦门尚有不少像加拿大"太平洋号"这样的大货轮到港装载茶叶，但此后越来越少，1890 年有 10 艘，1891 年只剩 5 艘。尤其是甲午战争之后，台湾沦陷，台茶出口不再借路厦门转口，厦门茶叶出口贸易额一落千丈。20 世纪初，厦门"除了少量供海峡殖民地和爪哇岛地的中国居民所需之外，茶叶已停止生产"。

民国时期，1926 年出口为 1.2 万担； 1936 年上升为 1.3 万担，为民国时期的出口最高纪录。1937 年后，海运封销，厦门港也渐渐淡出人们的视野。

三都澳港
三都澳港在唐朝以前就已开发，此后到五代闽王王审知执政时

民国时期三都澳港

期，由于重视港口建设和对北方的海上沟通，三都澳得到进一步的发展。

清康熙二十三年（1684），清政府在三都澳设立宁德税务总口，下辖九个口岸，每年征税达 12000 两银子。

1846 年，英国 74 号船对三都澳进行了勘测并绘制了航海地图。之后帝国主义列强要求清政府开放三都澳，清政府也迫于外债需要关税偿还，于 1898 年正式开放三都澳。于是，三都澳成为对外贸易港口。1898 年，三都澳对外开放后，意大利在这里设领事馆，英国修建了杂货码头和油码头，美国也修有油码头。岛上还建有"美孚""德士古""亚细亚"等油库。此后，英、美、德、日、俄、

三都澳港历史建筑

荷等 24 个国家在此修建泊位，设立
办事处或代表处，有 4 个国家在这
里设有钱庄。国内轮船公司和中
央、交通、农民三大银行也在此设
立分公司或分行。广东、江苏等地
的官僚地主、资本家也纷纷前来三
都岛占地开业，总计有 36 家之多。
1899 年 5 月，三都澳设立福海关，
是继漳州海关、闽海关、厦海关之
后设立的福建省第四个海关。

福海关邮戳

三都澳福海关，开辟了闽东茶叶出口的"海上茶叶之路"。英、美、
意、俄、日、荷等 13 个国家的 21 个公司在三都设立子公司或商行。
闽东的茶叶等货物从三都澳漂洋过海，进入欧美市场。出口茶叶以
闽东所产茶叶为主，有白琳工夫、坦洋工夫、白毫银针、七境堂绿
茶等。当时福海关输出的茶叶量，占福建省的 40%—47%，口岸茶
叶货值占出口总货值的 90% 以上，出口茶税占港口总税收的 80%—
99%，是世界上唯一以茶为主的通商口岸。

闽东茶叶除从三都澳出口外，1906 起，福鼎沙埕分港成立，福
鼎的白琳工夫等改由沙埕港出口。受到市场强有力的驱动作用下，
福建茶叶生逢其时，迅速发展壮大，成为东方一颗耀眼的明珠。
1940 年口岸遭日军轰炸，三都澳成为"死港"，茶叶外销濒于绝境。
福海关于民国三十一年（1942）降为闽海关的分关，1944—1945 年
迁往赛岐，直到抗日战争胜利后复迁回三都澳。但因港口遭破坏，
茶叶贸易已失去往日的繁荣。

（二）"茶叶之路"

　　"茶叶之路"的万里茶道陆路起点为武夷山的下梅村，沿途集纳福建、江西、安徽的茶叶运至汉口，湖南、湖北、四川、云南、贵州等产区的茶叶也汇聚汉口。茶叶在汉口加工、分装后，经河南、河北、山西、内蒙古向北运输，在中俄边境口岸的买卖城恰克图完成交易，然后横跨西伯利亚，抵达俄国莫斯科、圣彼得堡，再销往欧洲各国。茶道在当时的中国境内约 5300 公里，俄国境内约 8000公里。

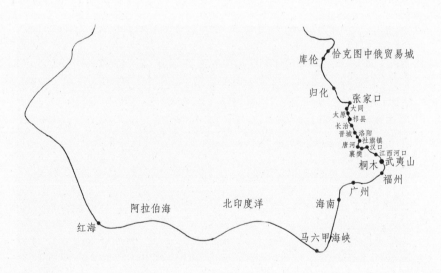

万里茶路示意图（王芳供图）

万里茶路起点下梅村

水路交通是历史上最主要的一种交通形式。梅溪虽然只是一条并不起眼的小河流，但是却是福建茶通往世界各地的起点之一。梅溪流域是闽江上游支流崇阳溪的一条支流，由前溪、首阳溪等支流及梅溪干流组成，主河道总长50公里。下梅因其位于梅溪的下游而得名。历史上，下梅邹姓大茶商为了便于竹筏装卸货物，在下梅村流域的梅溪段选址建埠，计有四处：孙厝碓下河埠、祖师桥当溪口河埠、芦下巷口河埠和鱼头坝上的新街巷口河埠。四大河埠终日繁忙，吞吐着下梅茶市来往的货物。清康熙年间，下梅已成为武夷山重要的茶叶集散地，"日行竹筏300艘，转运不绝"。

邹氏家祠

下梅村古街（叶丽娜供图）

民间歌谣曰"鸡鸣晨光兴，祥云夹出千灶烟"，可见当时下梅的热闹与繁华。武夷山茶叶等货物除自下梅往北运往恰克图外，也有的自下梅过梅溪水路，汇入崇阳溪，经闽江下福州入海，往南运往广东，远销东南亚。2005 年，国家建设部和国家文物局批准下梅为全国第二批中国历史文化名镇名村。今天，我们走进这个名村，可以看到保留完好的清代古民居建筑 30 多座，如祠堂、大夫第、镇国庙、祖师桥、古街、古巷，这些古民居建筑群集砖雕、石雕、木雕艺术于一体，工艺精湛，外观古朴，乡土气息浓郁。这些古民居见证了历史上万里茶路的辉煌。

晋商与武夷茶商邹氏的历史佳话

晋商，系明清时代的山西商人，是中国历史上赫赫有名的大商帮。当时的晋商以诚信为本，靠着艰辛的劳作，晋商票号不仅开遍全中国，而且远及俄国、日本、朝鲜及西亚、东南亚各国。当时就有"凡有麻雀飞过的地方，就有山西商人"的说法。在西北贸易上，晋商促进了新疆等地的城市发展，民间传说"先有复盛公，后有包头城"；在与俄国的贸易上，晋商远涉戈壁、沙漠，促进了恰克图的繁荣，也推动了俄国的经济发展。

据《常氏庄园儒商文化书系·榆次车辋常氏家族》记载，最早涉足武夷山做岩茶贸易的晋商是山

山西榆次常家庄园

西省榆次市车辋镇常氏。早在百年前常氏就已经在张家口卖榆次大白布起家，后分两个支脉，一为"南常"，一为"北常"。常万达是北常的开创者，也是晋商万里茶路的奠基人之一。常氏家族兴盛时期，拥有员工千余人，骆驼上万峰，除西藏外全国各省都有常氏商业网点。百余年间，执中俄茶叶贸易之牛耳，份额占40%以上，获取丰厚利润。乾隆末年，中国经济总量居世界第一，对外贸易长期出超。山西晋商富甲天下，常家又居晋商各大户之首，可称为中国第一官商。嘉庆年间十一世常秉儒一次捐军需款，皇帝便赐封二品官两个，三品官一个，四品官两个。捐款之巨，可想而知。与晋商常氏结成贸易伙伴的是下梅邹氏。

1718年，常家来到武夷山，与邹氏达成协议，共同经营武夷山茶运往蒙古及俄罗斯，这就是著名的万里茶路北线。邹氏与常氏共同出资，在下梅的芦下巷景隆宅、新街巷、罗厝坊设立了茶号，雇请当地茶工，还将散茶精制加工成红茶、乌龙茶。每年茶期，在下

景隆号茶庄
（程顺梅供图）

梅精制后的茶叶通过梅溪水路汇运至赤石渡口，经双方共同验押后，雇用当地工匠千余人，用车马运至江西河口（现在的沿山县）。再由船帮改为水运至汉口，达襄樊，转唐河，北上至河南社旗镇，而后用马帮驮运北上，经洛阳，过黄河，越太行，经晋城、长治，出祁县子洪口，于鲁村换畜力大车北上，经太原、大同，至张家口、归化，再换骆驼至库仑、恰克图。从武夷山的下梅茶市起步，到中俄贸易城恰克图，漫漫商路上，邹氏购置了数百峰骆驼做运力，足见茶叶经营规模之大。

雍正五年（1727），中俄签订了《恰克图条约》。中俄茶叶贸易进入了一个新的发展阶段，从此全长5150公里的"茶叶之路"进入鼎盛时期。俄商将茶叶再贩运至伊尔库次克、乌拉尔、秋明，直至遥远的圣彼得堡和莫斯科。恰克图是中俄茶叶贸易的桥头堡。由于当年沙俄政府积极从事对华贸易，使沙俄政府和茶商获利丰厚，有"一个恰克图抵得上三个省"之说。

晋商常氏即便远离故土，也牢记家训，组织伙计们学习《常氏家乘》中记载的道德操守条规。《常氏家乘》中道德条规如下："至于寄迹廛市，更有可法者。栉风沐雨，以炼精神；握算持筹，以广智略。其深藏若虚者，有良贾风；其亿及屡中者，有端木风。持义如崇山，杖信如介石，虽古之陶朱不让焉。"这种重义守信的家风，使常氏生意日益兴隆。常氏一门，从常万达于乾隆时从事此项贸易开始，子孙相承，历经乾隆、嘉庆、道光、咸丰、同治、光绪、宣统，沿袭150多年，尤其到了晚清，在恰克图数十个较大的商号中，常氏一门竟独占其四，堪称清代外贸世家。

邹氏原籍江西南丰，1694年由邹元老带着他的儿子们入闽，来到下梅村择居创业。经历了几代人的艰苦创业，邹氏才发展为闽北有名的商贾。地方史料载，下梅邹氏与晋商合作每年获利百余万两银子，取得成功后，建豪宅七十余座，修当溪建码头，立家祠设文昌阁，大兴土木，传教化，重教育。学习晋商强烈的外贸意识，敢与洋人做生意的胆识。邹氏还借福州、广州口岸开放之机，租用洋艘，将武夷茶贩运到东南亚各地，有的还销往欧洲，其南下贩茶的路程也有1000多公里。邹氏在与山西人交易中，学到了晋商的经商之道，投入重金购骆驼，用驼队运货到恰克图交换皮货、药材，换洋铁，以及日用铁具、洋油、煤油、洋火柴等。由单一的茶叶交易到贩各类货物，交易多元化，生意也做得风生水起。

常氏与邹氏的交往是历史上晋商与福建茶人在万里茶路上筚路蓝缕的一个缩影。

万里茶路兴衰

据史料记载，17世纪俄国输入的茶叶很少，后期才有少量茶叶出售。1792年，第二次《恰克图条约》签定后，茶叶贸易开始繁荣，18世纪末，茶占中俄贸易总值的30%。1810年，砖茶、白毫茶共输入2.5万担。经营茶叶的商人全部是晋商，最为兴盛的时候曾达100余家。

光绪三十一年（1905），随着俄国西伯利亚铁路开通，俄商通过铁路运输茶叶。20世纪初，政局动荡，在恰克图、库伦的很多晋商被杀，资产被没收。1917年，俄国爆发"十月革命"，晋商手中的卢布变为废纸一张，财产全部充公，晋商与俄国的边境贸易就此宣告结束。在中国国内的商号也纷纷撤回，衰败局面已无法挽回。

　　"上下二百年，南北数千里。"当年，形形色色的驼队商旅操着不同语言，信仰不同宗教，承载不同文化，共同推动了这条商路的繁盛，开辟了"茶叶之路"。

三

闽台茶香一脉传

一

（一）茶香飘宝岛

　　闽台同根同源。从许多史学、文化遗迹现象中可以看出两地关系密切，如台湾的圆山、大坌坑、凤鼻头文化与福建闽江下游的壳丘头、昙石山文化，存在许多共同的文化因素，台湾海峡两岸先民共同缔造了中华民族的远古文明。据记载，三国以降，台湾与祖国大陆的关系益加密切，大陆移民开始入台拓土开疆、垦田筑屋，宋代华人已至北港贸易。元明以后，更有大批移民从广东、福建入台，他们团结当地的土著部族共同开发宝岛台湾。在经济上，福建沿海商人的海船，也经常往来于台厦之间。他们把漳州的烟丝、药材、杂货，泉州的棉布、瓷器等土产运往台湾，从台湾运回米、麦、豆、糖、鹿肉等。1661年，郑成功亲率大军横渡台海，并开发台湾。据1926年统计，台湾汉族同胞祖籍福建省者占83.1%。福建移民从大

福建昙石山文化是福建
海洋文化的摇篮

陆迁居台湾后，许多移居的村镇直接取名泉州厝、安溪寮、同安宅、永春陂、东石村、安平镇、江都寨等。大量的闽南移民入台，使台湾这块荒服之地的政治、经济、文化发生了前所未有的变化。诚如著名文史学家连横所说："台湾之人，中国之人也，而又闽、粤之族也。"大陆先民不仅带去茶种、茶苗，还将种茶技术、制茶方法、饮茶之道传播到台湾。

（二）源远流长的茶树品种交流

闽台茶树品种的互相交流在历史上有过很多的记载。1696 年的清朝文献中，曾有台湾中部深山发现野生茶树的记载，连横在《台湾通史》中亦记述："台湾产茶其来已久，旧志称水沙连沙连之茶，应系当地'野生茶'。"据有关调查、研究材料证实，台湾岛内种植的茶种与岛内野生茶关系不大。现有茶园主要茶树栽培品种除了台湾地区本地山茶及从印度引入的阿萨姆种外，其余 70 余个地方品种主要由福建茶区引入。

改革开放后，福建引进台湾种质 25 个；适合福建推广的金萱、翠玉、青心乌龙、四季春等 4 个台茶品种在福安社口、漳平永福、安溪等处建有新品种（系）试验、示范基地 16 个，金萱等台茶品种在福建省龙岩、宁德、三明、漳州等茶区推广应用 4500 公顷以上。

安溪铁观音与木栅铁观音

据台湾池宗宪所著《台湾茶街》记述："1875 年，张迺妙、张迺乾由福建安溪引进铁观音，种在木栅樟湖地区，此后该地区制茶技法承继张氏兄弟风格，即将茶揉捻更扎实，并巧妙利用炭焙再制，成为特色。"

木栅茶区位于台北市文山区指南宫一带，山岗起伏，多属东照山坡，气候温和，褐色或浅红色泥土，砾石混合，排水性、保湿性、透气性好，长年雨或水雾气滋润茶树。木栅观光茶园风景秀丽，道路四通八达，海拔 300 余米，是台湾铁观音和包种茶的专业区，栽培面积约为 95 公顷。

木栅铁观音观光茶园

青心乌龙的故乡——建瓯

19 世纪后期，福建茶种引入台湾逐渐增多，《泉州与台湾关系文物史迹》记载了这么一件事：

清咸丰五年（1855），福建省城举行乡试，台湾南投鹿谷乡有个书生叫林凤池，勤奋好学，意欲前往考试，可是家穷没路费，怎么去呢？

矮脚乌龙（张志辉供图）

乡亲们得知此事后，都纷纷捐助给林凤池凑路费。临行时，乡亲们对他说："你到了福建，可要向咱祖家的乡亲们问好呀，说咱们台湾乡亲十分怀念他们。"还交代说："考上了，以后要再来台湾，别忘了这是你的出生故里啊。"

林凤池学问好，考中了举人。住了几年后，他决定要回台湾探亲，临行前考虑带什么礼物呢？考虑再三，他觉得福建武夷山的乌龙茶有名，就要了36棵乌龙茶苗带回台湾。

到台湾后，他把乌龙茶苗种在南投县鹿谷乡的冻顶山上。经过乡亲们的精心培育繁殖，建成了一片茶园，采制的台湾乌龙茶清香可口。

后来林凤池奉旨晋京，他把这种台湾乌龙茶献给了道光皇帝，皇帝饮后称赞说："好茶，好茶！哪里的茶啊？"林凤池回答说是福建茶种移至台湾冻顶山后采制的。

"好吧，这茶就叫冻顶茶。"道光皇帝说。从此，台湾乌龙茶也叫冻顶茶……

1990 年 9 月，台湾大学教授吴振铎（原台湾茶叶改良场场长，福建福安人）一行 14 人，专程到建瓯县东峰镇桂林村实地考察，经专家、学者，反复分析、对比，证实这片有一百多年历史的现存矮脚乌龙茶，就是台湾青心乌

吴振铎拜访老师张天福

龙茶的亲缘茶树。桂林村是台湾青心乌龙茶树的发源地。同年，这片矮脚乌龙茶树品种种质园被福建省茶叶学会、南平地区行政公署、建瓯县人民政府三家联名立碑保护。

来自台湾的金萱、翠玉

金萱即台茶 12 号，由"台湾茶叶之父"吴振铎以硬枝红心作父本，台农八号作母本，人工培育而成的第一代。为了纪念其祖母，吴振铎将此茶以其祖母之闺名命名为金萱茶。金萱制成乌龙茶，滋味甘醇浓厚，具有特殊的品种香，类似桂花香或牛奶香，

金萱（陈志辉供图）

而其中又以牛奶香，最受大众喜爱。目前在台湾，金萱的种植面积仅次于青心乌龙茶，占全台第二。

翠玉（陈志辉供图）

　　翠玉即台茶 13 号，也是吴振铎选育的新品种，与台茶 12 号同时期选育。母本为硬枝红心，父本台农 80 号杂交后代。翠玉具有强烈的野香，清香扑鼻是翠玉的典型特征。为纪念其母亲，吴振铎以其母亲之名命名为翠玉。

　　金萱、翠玉由吴振铎带回福建，福建省茶叶产区福安、漳平等都有引种。

（三）台湾包种茶的滥觞

　　台湾茶加工技术来源于福建。林馥泉所著《乌龙茶及包种茶制造学》载：包种茶是清嘉庆年间（1796—1820）福建泉州府安溪人士王义程所创制，并由其在台北县茶区倡导及传授制法。姚鹤年著《台湾的林业》载："同治六年（1867），约翰·都德在台北艋舺

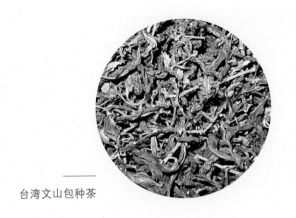

———
台湾文山包种茶

创设台茶精制茶馆（厂），延聘福州技师精焙（加烘并筛选）乌龙茶，由厦门转口输入美国纽约，为台茶精制产销的滥觞。"1870年代的后期，台湾茶叶为外商大量采购出口，茶业发展深受国际市场的影响。乌龙茶是台湾茶业最早的出口商品，国际茶业市场不景气，台湾乌龙茶即受到波及，滞销的乌龙茶在台北堆积如山，不得已变通办法，将乌龙茶运往福建福州加以熏制成具有花香的茶叶，以二张毛边纸包成四方的包装，销售到东南亚，受到普遍欢迎。这就是包种茶。

1881年，同安县茶商吴福元带茶工到台北设立茶厂（首建制造包种茶加工厂），名"源陆号"。不久，又有安溪茶商王安定、张元魁等带茶工到台湾设"建成号"，盈利颇丰，进一步刺激了台湾茶叶的生产。其间，在台北大稻埕，华人所有的茶行有33家，其中有19家是本地人开设的，14家是厦门人开设的。另据李启厚在《安台乌龙茶源远情长》中载："清光绪十一年（1885），安溪西坪人

王水锦、魏静相继入台，在台北县七星区南港大坑（今台北市南港区——引者注）从事包种茶的制作研究，并被台湾当局聘请为讲师，向全省讲授包种茶制作技术。每年春秋茶两季，举办包种茶制作技术讲习会，持续几十年，对包种茶产制技术的传播普及与提高起到了重要作用。1889 年，台湾巡抚刘铭传促使大稻埕各茶行组成"茶郊永和兴"（台北市茶业同业会前身），招来福建制茶师傅确保品质，巩固市场，外销大增。据统计，"明治二十六年（光绪十九年，1893），往来于台湾、厦门间的中国人数多达 36000 人"。因为大陆到台湾的劳工中大部分是茶工，所以"渡航者高潮期是四、五月之制茶时期"，入台的大陆人以厦、泉、漳三地人为主。

其时，台湾当局还聘请安溪人张迺妙为茶叶"巡回大师"，在职 10 年间，张迺妙四赴安溪、武夷取经，对台湾包种茶、乌龙茶采制技艺进行改良，并大力推广，取得了良好效果。1935 年，台湾茶叶宣传协会为表彰张迺妙"功在台湾茶业"，向其颁发特别奖，奖给青铜花瓶一个。

福州台资企业文武雪峰农场（许长同供图）

1934 年，张天福为了谋求茶业的发展，赴台湾等地考察，收集了大量的相关资料，写成《台湾茶业考察》报告，介绍了台湾茶业发展先进的机械化发展水平。

由于历史上的政治原因，1950 年至大陆改革开放前的 20 多年间，闽台少有往来。20 世纪 90 年代中期，随着海峡两岸农业合作与交流的发展，台湾茶叶企业涉足大陆茶叶生产、加工、销售等多个领域。台胞在福建投资设厂，带来了资金和技术，促进了福建制茶机械、制作工艺的改进，而且促进了福建茶叶的销售。自 1993 年天福集团首家在闽投资，创办茶业企业以来，紧跟着就有台商许良远在三明清流林畲创办清流桦信茶果开发有限公司，开发茶园 20 公顷，建设厂房 3000 平方米；台商林圣光在福州闽侯雪峰创办文武雪峰农场，谢东庆等在漳平永福投资台湾农民创业园……不仅将其先进的茶叶生产、消费、营销理念带进大陆，而且还将台式乌龙茶加工技术与设备带进了大陆。1990年前后，主要引进台式滚筒杀青机、除湿机、烘干机等台湾先进制茶机械设备。从模仿借鉴台湾茶机开始，安溪佳友、长盛、跃进、兴民等一批安溪本土茶叶机械厂纷纷成立。通过借鉴摸索，在1993年左右，安溪生产出了摇青机、速包机。深受台湾茶机辐射带动，安溪茶机也从小到大，从势单力薄到形成产业集群，并对大陆乌龙茶加工技术产生了影响。到2000年，台商在福建投资生产茶叶的企业有

滚筒杀青机

包揉机

20多家。因许多台商祖籍在闽南，故主要茶叶生产投资地区在闽南，如厦门、安溪、平和、诏安、同安等地。

台资企业到大陆后也带来了一些新的经营管理方式，他们到福建办厂后，大多到全国各地开设连锁店，连锁店的经营者也颇费心

思：在店面的装潢、摆设、产品的包装设计、服务员的言行举止上都力求完美，表现较高水平的商业文化，并时时利用光、音、色、味、动感等吸引消费者。

闽南乌龙茶区的茶农以当地优良的乌龙茶品种茶树鲜叶为原料，在吸收台湾乌龙茶轻发酵工艺的基础上，对乌龙茶传统工艺进行大胆革新，运用空调做青技术，生产轻发酵型乌龙茶，因其香气较传统乌龙茶更清香，由此称为清香型乌龙茶，相应地将运用传统工艺技术加工而成的乌龙茶称为浓香型乌龙茶。

两岸茶叶交流有这么一段佳话。台湾有一款茶叫做东方美人茶，自从传到大陆后，很受大陆市场的追捧，不断有茶农与茶企开发生产。据说，一位台湾客商曾拿着东方美人茶问归来客茶品牌创始人刘娇莲："你能不能生产？"她想两岸血脉相亲，地缘相近，应该没问题。于是，她在自己的基地上费心琢磨，请来了福建省农业科学院茶叶研究所的专家进行指导，从茶树品种、种植栽培到采摘、

江山美人茶汤色

两岸佳人

制作工艺都进行了深入研究。功夫不负有心人，几年后终于制成了品质不逊东方美人茶的两岸佳人。此外，大田也制成江山美人。台湾东方美人、周宁两岸佳人、大田东方美人，同为高山乌龙的珍品。

（四）日益频繁的两岸茶事交流活动

来自宝岛的"无我茶会"

"无我茶会"是一种大众饮茶形式，创立者为台湾茶文化专家蔡荣章。自1990年在台湾首次举行"无我茶会"以来，隔2年在不同地方举办1次。"无我茶会"自然、温馨的形式受到广泛的赞誉。参加活动的茶友自备茶具，席地围成一圈泡茶，一般约定每人泡茶4杯，泡好茶就把3杯奉给左邻的3位茶友，1杯留给自己，形成人人泡茶，人人敬茶，人人品茶，一味同心。茶具的种类与泡茶的方式不受任何流派的限制，无尊卑之分，无"求报偿"之心，无好恶之分，以求精进之心，遵守公约，培养默契。"无我茶会"是一种人人泡茶、人人奉茶、人人喝茶的茶会形式，如今已经发展为国际化大型的茶文化活动。

1991年10月17日，第二届国际"无我茶会"在武夷山幔亭峰举行。由中、日、韩等国的茶艺专家联合举办，有100多人参加。这次茶会的主题是"与大地同饮"。10月18日，在福州西湖公园内又举行了一次以"秉烛茶叙"为主题的"无我茶会"。之后，便

1991年第二届国
际"无我茶会"
在武夷山举行

一发不可收,武夷山市持续不断开展"无我茶会"活动,全国各地也陆续举办。这种茶会形式为茶文化的普及推广起到了积极的推进作用。

西岸茶产业交流

改革开放后,特别是近些年,闽台在茶产业的互动交流十分频繁,举行了许多有关茶产业交流的活动,为推动两岸茶产业的发展起到了积极的促进作用。其中,自2007年以来每年一届的海峡两岸茶业博览会规模较大,影响也较大。

首届海峡两岸茶业博览会于2007年11月16~17日,在福建泉州举行。由福建省人民政府、国台办、农业部等,以及台湾省农会、台湾茶协会联合主办,泉州市人民政府承办。博览会以"生态、健康、和谐"为主题,突出"对台农业,海峡西岸""茶为国饮,闽茶为优""全国一流,可持续办"三大特色,是集海峡两岸茶文化、茶产业交流和商贸、旅游为一体的中国茶业顶级盛会和对台农业重大经贸活动。它吸引了来自全国各茶叶主产区浙江、广东、江西、湖南、台湾等 12 个省（直辖市、自治区），以及香港特别行政区的 460 多家茶业生产企业参展。其中，来自

第二届海峡两岸茶业博览会台湾馆

台湾的茶叶参展企业有 53 家。此后，福建省每年都举办海峡两岸茶叶博览会，至 2018 年，已举办 12 届。

天福茗茶生产基地

（五）"芳草报故园"

改革开放后，陆续有许多台湾茶叶企业在大陆投资办茶厂。其中，最为著名的茶业企业也是天福集团，最为集中的台湾茶业企业投资地是漳平永福台湾农民创业园。

天福集团

1993 年 2 月，美籍华人李瑞河为了振兴祖国的茶事业，怀着对家乡的浓厚感情，带着他 40 年来的成功经验，以"根植福建、香传全国、茗扬世界"的宏伟目标，以"只许成功、不许失败"的决

心，以"无年无节、不眠不休"的拼劲，逢山开路，遇水架桥，开始在中国大陆投资创办了中国天福集团，用他的话说："花甲再创业，芳草报故园。"

李瑞河自 1953 年在台湾开设第一家"天仁茗茶"专卖店后，以"老行业、新经营"的理念，把现代企业管理模式融入传统行业中，自创一套茶业连锁店扩展管理方法。因为有了"天仁茗茶"数十年的成功经验，"天福茗茶"连锁店在国内各大城市迅速发展。目前在中国大陆开设 1400 余家"天福茗茶"连锁店，成功在香港联交所挂牌上市，成为内地第一家在港上市的茶业企业。天福集团下辖 12 家工厂，2 家茶博物院，5 个高速公路服务区，1 个"唐山过台湾"石雕园，全球第一所茶专业高校——天福茶学院。天福集团集茶业加工、销售、科研、文化、教育、旅游为一体，是当前世界最大的茶业综合企业。

漳平永福台湾农民创业园

1995 年，来自台湾南投县茶商谢东庆，为寻找适合种植台湾高山茶的地点，随身携带地形图，驱车在福建、广东、海南等地进行了历时 1 年的考察。当他到了漳平市永福镇时，发现永福镇海拔及土壤、气候条件等与台湾阿里山非常相似，"这不就是大陆的阿里山吗？"他不禁赞叹道。他认定这一定适宜台湾茶种的培育和生产，于是决定在永福镇投资建设茶园。之后，不少台商相继落户永福镇，永福镇成为台湾农民投资的一片热土。

祖籍漳平永福镇的鸿鼎农场开发有限公司董事长李志鸿也回到故乡投资，开发了 2000 多亩茶园，配套 8000 多平方米的茶叶加工厂。

鸿鼎农场生产基地

"政府加大力度解决我们茶园周边环境，我自己也加大投资完善技术和设备，技术和设备将与台湾完全同步。"他说，"回家创业的感觉真好。"

漳平永福台湾农民创业园引入台湾南投县鹿谷乡农会模式，推进现代精致农业和旅游产业融合互补，成为台商个体在大陆投资最密集的园区、中国最大的高山乌龙茶生产基地，并先后获得"国家级海峡两岸科技产业合作基地成员单位""台湾青年产业融合创业示范基地"等荣誉。2008 年，漳平台湾农民创业园升格为国家级台湾农民创业园。至今，入驻永福的台资企业近百家。

八闽山水出好茶

一

（一）福建自然环境优越

福建地处我国东南沿海，陆域介于北纬 23°33′至 28°20′、东经 115°50′至 120°40′之间，东北与浙江省毗邻，西面、西北与江西省接壤，南面、西南与广东省相连，东面隔台湾海峡与台湾省相望，属于南亚热带和中亚热带气候。福建的地理特点是"依山傍海"，九成陆地面积为山地丘陵地带，被称为"八山一水一分田"。福建的森林覆盖率达 65.95%，居全国第一。

区位优势

福建地处东南沿海，北通朝、韩、日，南连东南亚诸国，与这些国家历来就有密切商务交往。福建的海岸线长度居全国第二位，海岸曲折，陆地海岸线长达 3751.5 千米。福建以侵蚀海岸为主，岛屿众多，岛屿星罗棋布，共有岛屿 1500 多个。依山傍海的特点造就了福建丰富的旅游资源，有武夷山、太姥山、大金湖、平潭岛、清源山、白水洋等自然风光；此外，还有土楼、鼓浪屿、安平桥、三坊七巷等人文景观。福建位于东海与南海的交通要冲，由海路可以到达南亚、西亚、东非，是历史上"海上丝绸之路"、郑和下西洋的起点，也是海上商贸集散地。与中国其他地方不同，福建沿海的文明是海洋文明，而内地客家地区是农业文明。福州、泉州是中国"海上丝绸之路"的主要港口起点。

福鼎嵛山岛茶园（叶芳养供图）

气候条件优越

福建属亚热带湿润季风气候区，靠近北回归线，受季风环流和地形的影响，温暖湿润为其气候特征。夏半年主要受来自海洋的湿润而温暖的热带或海洋气团控制，常刮南风；冬半年主要受干燥寒冷的副极地大陆气团控制，盛行偏北风。全年季节变化明显，热量丰富，全省70%的区域 ≥ 10℃的积温 5000—7600℃，年平均气温17—21℃，从东南向西北递减，夏季南北气温相差不大，冬季南北方温差大，最低温度可达 0℃以下，冬季闽北多霜雪。全省降雨量充沛，常年平均降水量 1400—2000 毫米，春季雨量占全年总雨量56%—60%。光照充足，日照时数全省平均 1700—2300 小时。全省

福建茶山云雾缭绕，有利于茶树生长（武夷星茶业有限公司供图）

年平均无霜期内陆为 260 天，闽南沿海为 320 天左右。全省雨雾笼罩天数多。这有利于茶树在漫射光下生长，符合茶树喜湿耐阴的生物学习性。在水湿条件基本得到保证的前提下，茶树生长期内有效积温高，有利于茶树芽梢的萌发生长，茶叶气候品质优异。

生物多样性丰富

福建境内峰岭耸峙，丘陵连绵，河谷、盆地穿插其间，山地、丘陵占全省总面积的 80% 以上。地势总体上西北高东南低，横断面略呈马鞍形。因受新华夏构造的控制，在西部和中部形成北（北）东向斜贯全省的闽西大山带和闽中大山带。两大山带之间为互不贯通的河谷、盆地，东部沿海为丘陵、台地和滨海平原。福建地处泛北极植物区的边缘地带，是泛北极植物区向古热带植物区的过渡地带。植物种类较为丰富，以亚热带区系成分为主，区系成分较复杂。全省植物种类有 4500 种以上。例如地处福建省境内的武夷山保存了世界同纬度带最完整、最典型、面积最大的中亚热带原生性森林生态系统。武夷山自然保护区拥有 2527 种植物物种，近 5000 种野生动物。

福建省的地理位置和气候条件，为动植物的生存提供了良好的环境，使得省内植物呈现多样化的特点，生物多样性仅次于云南、广西，居全国第三位。茶树生活在生物多样性高的环境中，通过生物多样性修复，完善茶园食物链，发挥昆虫、鸟类等天敌以及微生物对害虫种群数量的控制作用，保持生态系统应有的自然平衡，可提高茶园生态自控能力，减少施用化肥、农药带来的环境污染、资源耗费等问题。

土壤资源适宜

福建省土地总面积 12.4 万平方公里，海拔 1000 米以上的山地仅占土地总面积 3.3%，海拔 1000 米以下的宜茶丘陵山地占总面积的 83.3%。据福建全省土壤普查，福建丘陵地山地的红壤面积约有 85767 平方公里，约占全省土地总面积的 70%，是福建最主要的土壤类型。黄壤次之，砖红壤性土与砖红壤化红壤也有分布。山地丘陵土壤的母岩有火山岩、花岗岩、沉积岩和片麻岩等，这些岩层在热带暖湿气候、生物条件下，其物理、化学和生物风化作用都较强烈。经长期的风化作用后，大多形成深厚的土层，一般厚达 1 米以上，厚者可达 10 多米。土壤是茶树常年扎根立地的环境，茶树根系发达，主根大多可达 1 米以上，其根系汁液含有较多的有机酸，因此，丘陵红壤土层深厚，pH 值为弱酸性，有利于茶树生长。

（二）福建名茶与地理标志产品保护

"名山出名茶，名茶耀名山。"历史上名茶大多产于风景秀丽的名山和旅游胜地，如武夷岩茶产于武夷山，福鼎白茶产于太姥山，坦洋工夫产于白云山。名茶的形成与产地优良的茶树品种、优越的自然环境、精湛的加工工艺，以及悠久的历史文化渊源密切相关。

福建名优茶地理标志产品概况

福建名优茶是具有地理标志保护特征的传统优势农产品，在国内外茶叶市场上都有很强的知名度、美誉度和市场竞争力。

农产品地理标志　指标示农产品来源于特定地域，产品品质和相关特征主要取决于自然生态环境和历史人文因素，并以地域名称冠名的特有农产品标志。福州茉莉花茶、漳平水仙、武夷岩茶、大红袍、正山小种、政和工夫、政和白茶、坦洋工夫、天山绿茶、福鼎白茶、白琳工夫、铁观音、白芽奇兰、永春佛手、寿宁高山茶、大田高山茶、永泰绿茶获得农业部国家农产品地理标志登记保护。

地理标志产品　指产自特定地域，所具有的质量、声誉或其他

寿宁高山茶园（叶虎平供图）

特性本质上取决于该产地的自然因素和人文因素，经审核批准以地理名称命名的产品。国家质量监督检验检疫总局通过了福建省茶叶类地理标志产品有武夷岩茶、安溪铁观音、永春佛手、坦洋工夫、政和白茶、福建乌龙茶、福鼎白茶、福州茉莉花茶、武夷红茶、邵武碎铜茶（表4-1）。

表4-1　国家质量监督检验检疫总局茶叶类地理标志保护产品名录（福建省）

产品名称	年份	保护范围
武夷岩茶	2002	武夷山市现辖行政区域
安溪铁观音	2004	安溪县现辖行政区域
永春佛手	2006	永春县现辖行政区域
坦洋工夫	2007	福安市现辖行政区域
政和白茶	2007	政和县现辖行政区域

产品名称	年份	保护范围
福建乌龙茶	2007	福建省境内35个县（市、区）：①闽南产区范围：安溪、永春、南安、德化、同安、诏安、南靖、平和、长泰、华安、云霄、漳浦、龙海、漳平、长汀、新罗、大田、尤溪、沙县、永安、明溪、清流、宁化、仙游、闽侯、永泰和连江等县（市、区）所辖行政区域；②闽北产区范围：武夷山、建瓯、建阳、政和、寿宁、福安、周宁和蕉城等县（市、区）所辖行政区域
福鼎白茶	2009	福鼎市现辖行政区域
福州茉莉花茶	2009	福州市仓山区、晋安区、马尾区、长乐区、福清市、闽侯县、连江县、闽清县、罗源县、永泰县等10个县（区、市）现辖行政区域
武夷红茶	2011	武夷山市及福建武夷山国家级自然保护区现辖行政区域
邵武碎铜茶	2012	邵武市现辖行政区域

武夷山与武夷岩茶

武夷山是世界自然与文化双遗产地，以其丹山碧水、秀峰奇茗著称于世，素有"风景秀甲东南、岩茶蜚声中外"之说，名胜与名茶，双绝于人寰。武夷山是天然植物园，茶树品种资源十分丰富。武夷山产茶历史悠久，是红茶和乌龙茶的发源地。武夷茶已成为武夷山水六大自然景观特色（秀、拔、奇、伟、净、茶）之一。

武夷岩茶是中国十大名茶之一，素负盛名，蜚声中外。其品质优异，独具神韵，武夷岩茶品质的形成与其得天独厚的自然环境、丰富的茶树品种资源以及严格的采摘标准、独特的制造工艺、精湛细致的焙制技术密不可分。相同的茶树品种，在其他地区是不可能制造出武夷岩茶那样优异品质。即使是生长在武夷山，因栽培地域不同，其品质悬殊，故有"正岩茶""半岩茶""洲茶"之别（表4-2）。2002年，武夷岩茶成为福建省第一个获得地理标志产品保护的产品。

武夷岩茶生长环境

武夷名丛有大红袍、铁罗汉、白鸡冠、水金龟、半天妖、武夷金桂、金锁匙、北斗、白瑞香、武夷白牡丹等。其中以四大名丛大红袍、铁罗汉、白鸡冠、水金龟最为名贵。

大红袍母树（引自詹梓金）

表 4-2　不同区域对武夷岩茶品质的影响

类别	产地区域	土壤特征	品质特征
正岩茶	武夷岩中心地带（即三坑二涧*和九龙窠等地）	森林和岩崖遮阴，微域环境条件优越，土层厚，富含钾、锰，土壤酸度适中，为多砾质壤土，土壤疏松，水、气、肥协调	香高味醇厚，岩韵特显，品质最优
半岩茶	三坑二涧以外和九曲溪一带的岩山；星村、企山一带的丘陵地	微域环境条件稍差，土层较薄，多红壤土，土壤酸度较高，土壤质地较黏重	香平正，味醇和，有沙糖味，岩韵欠显，品质稍次于正岩
洲茶	崇溪、九曲溪、黄柏溪两侧的沙洲地	微域环境条件差，土壤肥沃，富含氮	香较低沉，味醇欠厚，略带微涩，无岩韵，品质相对较差

*三坑二涧，指慧苑坑、牛栏坑、大坑口、流香涧、悟源涧。

福州与茉莉花茶

　　福州地处戴云山脉的东翼，倚山面海，地势由西北向东南倾斜。海岸线曲折，岛屿众多，闽江横贯其中。下游为福州盆地，盆地内部是冲积海积平原，城区处在盆心，北部和东部为山地和丘陵，南部是平原。福州茉莉花种植区——闽江下游两岸及闽江入海口的县（市）区，属典型的亚热带季风气候区，气候温和，雨量充沛，且雨、热、光同期。福州种植茉莉花的土壤以潮土和冲积土为主，土壤肥沃疏松，通气排水性能好，土壤偏酸性，特别适宜茉莉的生长，是茉莉生长的最适宜气候区。福州得天独厚的自然条件形成了福州茉莉花茶特有的香气鲜灵、浓郁持久、清幽，滋味醇厚鲜爽、入口

福州茉莉花种植基地（福州仓山区帝封江）

回甘之地域品质特征。

　　福州是茉莉花茶的发源地。起源于中亚细亚的茉莉与起源于中国的茶的结合，是两千年东西方文化交流的见证。经过长达 2000 多年的发展，逐渐形成适应当地生态条件的茉莉花基地（湿地）——茶园（山地）的立体农业系统和独特的茉莉花茶制作工艺。福州茉莉花茶先后获得"世界茉莉花茶发源地""世界名茶""最具影响力的中国农产品区域公共品牌"等称号，成为首个同时获准核发国家地理标志证明商标、国家地理标志产品保护、国家农产品地理标志保护的茶类产品。2013 年 5 月，福州茉莉花种植与茶文化系统入选"中国重要农业文化遗产"；2014 年 4 月，福州茉莉花与茶文化系统成功入选"全球重要农业文化遗产"。

安溪与铁观音茶

安溪县属戴云山脉向东南延伸部分，地势自西北向东南倾斜。境内群山环抱，峰峦绵延。属亚热带季风气候，年平均气温18℃，山地土质多为酸性红壤和砖红壤。自然条件非常适宜铁观音茶树生长。

安溪铁观音是中国十大名茶之一，是乌龙茶中的极品名茶，迄今有近300年的历史。安溪铁观音外形条索肥壮、卷曲、沉重，音韵明显。清香型铁观音色泽翠绿油润，汤色绿黄明亮，香气清高鲜爽悠长；浓香型铁观音色泽乌油润、砂绿明显，汤色金黄或橙黄色，香气浓馥芬芳持久，滋味醇厚甘爽。安溪是铁观音茶发

安溪大坪茶园（郑廼辉供图）

源地。全国优良茶树品种——铁观音、安溪独特的自然地理环境和传统的采摘标准、精湛严谨的制茶工艺是安溪铁观音优异品质形成缺一不可的条件。除产地得天独厚，茶叶品质超群外，安溪铁观音还形成独树一帜的茶文化，如安溪铁观音茶艺、茶文化景观和旅游、茶诗、茶联、茶歌、茶谚、茶俗等，源远流长，自成一体，丰富多彩，在世界茶文化中占有重要一席。

太姥山与白毫银针、绿雪芽茶

太姥山位于福鼎市桐城南30公里，挺立于东海之滨，它融山、海、川和人文景观为一体，有峰、岩、洞、溪、瀑、海、岛等自然神秀，又兼备古寺城堡、畲族风情等人文胜景，被誉为"海上仙都"，是福建省著名的风景区之一。太姥山峰峦重叠，云雾缭绕，一年雾

河山茶王园

日多达 100 多天，雨量充沛，气候温暖湿润，季节变化明显，土壤深厚肥沃。太姥山野生大茶树就生长在鸿雪洞中，而全国优良茶树品种福鼎大白茶、福鼎大毫茶就原产于太姥山区域内。

太姥山还是闽东历代名茶白毫银针、太姥山绿雪芽、白琳工夫等的原产地。清朝郭柏苍的《闽产录异》载"福宁府（闽东旧称——引者注）茶区有太姥绿雪芽"。而白毫银针芽长近寸，披覆白毫，毫香鲜嫩。它是采用茶树优良品种福鼎大毫茶、福鼎大白茶的肥壮芽头，通过特殊的制茶工艺而制成的。白毫银针是白茶中的极品。

（三）福建——茶树品种的王国

福建茶树品种资源丰富多彩，有叶大如掌、花器性状特殊的佛手，有芽叶并生、叶大多变的箐绮，有芽叶黄白色、形似鸡冠的白鸡冠；有芽叶紫红色的大红袍、铁观音，黄绿色的黄棪，紫绿色的肉桂（"四大茶王"）。有染色体变异类型的不孕种福建水仙、梅占、毛蟹、福安大白茶、福鼎大毫茶、政和大白茶等。有野生型、半野生型

铁观音母树

的安溪兰田大茶树、企山野生茶、福前苦茶、霍童野生茶、连城野生茶、汤川苦茶等。

福建茶区群众对茶树遗传资源的利用历史悠久，早在宋朝，宋子安《东溪试茶录》（约1064）根据茶树的树型、叶片大小、发芽迟早、制茶品质，将福建的茶树品种资源分为白叶茶、柑叶茶、早茶、细叶茶、稽茶、晚茶和丛茶等7种。武夷四大名丛之一的铁罗汉，始见于宋代，是从武夷菜茶（有性

福建水仙（建阳）

坦洋菜茶种质资源

群体）中单株选育出来的。明代有白鸡冠，清代有大红袍、不知春、肉桂等。福建首创茶树压条和扦插技术，并开展无性系茶树品种选育。在清雍正三年（1725）前后，安溪县茶农魏荫在其故乡——西坪松林头（今松岩村）发现铁观音，并开始种植。这是最早的无性系品种。此后，先后育成了福建水仙（1842）、福鼎大白茶（1857）和黄棪（1877）等无性系优良品种。

福建优良茶树品种多，扦插繁殖技术先进，福安市已成为全国最大的茶树良种繁育基地。福鼎大白茶、福云6号是中国无性系良

福建水仙生产茶园

种种植面积最大的两个品种。全省无性系茶树良种普及率达96%，居世界前列。截至2018年，福建拥有全国优良茶树品种共有26个，其中福建省19个。铁观音、福云6号、福鼎大毫茶、福建水仙、福安大白茶、金观音、白芽奇兰、毛蟹、福鼎大白茶是福建省的主要栽培品种，栽培面积占73%。

扦插育苗（郑廼辉供图）

五.

灵草精制成佳茗

一

（一）品类丰富的闽茶

福建是红茶、乌龙茶、白茶、茉莉花茶的故乡，一代代茶人用匠心造就一泡泡好茶，让闽茶享誉中国乃至世界。福建的制茶技艺从白茶的简到岩茶的繁，从铁观音的半发酵到工夫红茶的全发酵，从乌龙茶做青花香的纯粹到茉莉花茶窨香的清灵，都凝结了古今多少茶人的心血和智慧。

福建茶品丰富，是茶叶种类最多的省份，全省各地都有特色茶类，可谓琳琅满目。以南平市为主的闽北茶区，主产乌龙茶，也产红茶、白茶、绿茶等，乌龙茶代表产品有武夷大红袍、武夷水仙、矮脚乌龙等，其他茶类中正山小种、政和工夫、政和白茶和邵武碎铜茶等也闻名中外；以泉州市和漳州市为主的闽南茶区，主产乌龙茶类，代表产品有安溪铁观音、永春佛手、平和白芽奇兰、诏安八

永春佛手（郑逎辉供图）

平和白芽奇兰（郑逎辉供图）

漳平水仙茶饼（郑廼辉供图）

福鼎白毫银针（郑廼辉供图）

仙茶、漳平水仙茶饼等；以宁德市为主的闽东茶区，主要产品有天山绿茶、闽东特种造型工艺绿茶、特种茉莉花茶、福州茉莉花茶、福鼎白茶、坦洋工夫、白琳工夫、寿宁高山茶等；以龙岩市和三明市为主的闽西茶区，主要产品有三明的螺毫、龙岩的斜背茶、武平炒绿等。

福建茶叶制作工艺精湛。福鼎、政和白茶不炒不揉，以随茶、时、天而不断调整的萎凋技术，成就白茶毫香与醇爽的口感；红茶始祖正山小种，在青楼的松烟熏焙中，显现出风靡欧美的松烟香与桂圆汤味；武夷岩茶，历经吹、摇、停数十遍反复做青，在走水焙与文火炖的历练中，形成浓郁花果香与醇厚甘活的独特岩韵；安溪铁观音，"摇匀、摇活、摇红、摇香"的细致做青技术，酿成似兰若桂的花果香与醇正甘爽的音韵……如此缤纷的茶品，源于各自特色的制作技艺。

（二）闽茶制作技艺

自然简朴的白茶制作技艺

白茶为我国六大茶类中工艺最简朴的茶类，不炒不揉，只经过晒干或文火烘干。白茶一般分为萎凋和干燥两道工序，其关键是在于萎凋。表面上看白茶加工工艺最简单，实则其内在加工的技术要领却极不易掌握，特别是要制出好茶，比其他茶类更为困难。

白茶萎凋是在一定的外界温湿度条件下，随着水分的逐渐散失，叶细胞浓度的改变，细胞膜透性的改变，以及各种酶的激活，引起一系列内含成分的变化，从而形成白茶特有的品质。萎凋的好坏决定了茶叶的品质。萎凋过程是茶叶内含物发生活跃变化的

白茶晒青（叶芳养供图）

过程，是形成白茶色、香、味的关键技术，需要经过长期的实践摸索精雕细琢，才可制出上品白茶。

20世纪60年代开始，福鼎白茶的萎凋方式产生了革命性的变革，从原有日光萎凋、复式萎凋，转变为室内加温萎凋方法。近年来经过福鼎茶人不断地技术革新，室内加温萎凋技术日趋成熟，并研制出采用日光萎凋与热风萎凋相结合的复式萎凋工艺。这种方法具有全天候、全程不落地式的清洁化生产，不受天气限制，劳动强度低等特点。与传统手工制作相比，该生产线生产的白茶香气浓郁、品质更佳，生产更为节能、减耗、环保、省力。

白茶晒青场（叶芳养供图）

日光节能型白茶连续化生产线（1）

日光节能型白茶连续化生产线（2）
（苏峰摄）

做工考究的红茶制作技艺

红茶是全发酵茶。中国红茶先有小种红茶，后有工夫红茶。

工夫红茶，又名"条红"，为精制红茶的一种，是我国特有的红茶，也是传统出口商品。《闽产录异》载："系以嫩芽用武夷茶制法精心焙制，色黑味异，被称工夫红茶。因做工精致而得名。"清朝中期创制于福建政和、坦洋、白琳，合称"闽红工夫"。我国红茶产地广布 12 个省（直辖市、自治区），各地工夫红茶因其品质差异，按产地命名。有安徽的祁红工夫、四川的宜红工夫等。

福建工夫红茶采制工艺精细，以嫩芽叶作原料，经过萎凋、揉捻、发酵，使芽叶由绿色变成紫铜红色，香气透发，然后进行文火烘焙至干，形成红毛茶。初制工艺中揉捻与发酵最为重要。揉捻，让茶叶细胞组织遭到破坏，茶汁溢出，促成了细胞组织中酶与相应

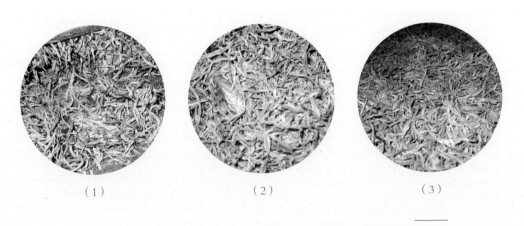

（1） （2） （3）

工夫红茶揉捻、发酵过程青叶变化

桐木关小种红茶熏焙工艺

底物的相遇，尤其是多酚氧化酶与多酚类物质的相遇；同时塑造红茶紧细条索的外形。发酵，是见证奇迹的时刻。发酵过程中，茶叶内部进行着最重要的化学反应——酶促氧化反应，多酚类物质在酶的催化下，氧化聚合成茶黄素、茶红素等物质，这也是茶叶由绿色变为红色的奥秘所在。红毛茶制成后，还须进行精制。精制工序复杂，花工夫，有毛筛、抖筛、分筛、紧门、撩筛、切断、风选、拣剔、补火、清风、拼和、装箱等工序。

红茶制作中以福建武夷山桐木关的小种红茶最有特色。桐木关一带在制茶季节雨水较多，晴天较少，正山小种一般都在室内加温萎凋。加温萎凋在初制茶厂的青楼进行。青楼共有3层，二、三层只架设横档，上铺竹席，竹席上铺茶青；最底层用于熏焙经复揉过的茶坯，它通过底层烟道与室外的柴灶相连。在灶外烧松柴明火时，其热气进入底层，在焙干茶坯时利用其余热使二、三楼的茶青加温

88

而萎凋。熏焙时，将复揉后的茶坯抖散摊在竹筛上，放进青楼的底层吊架上，茶坯在干燥的过程中不断吸附松香。经熏焙的正山小种红茶带有浓醇的松香味和桂圆干味，外形条索乌黑油润。

繁而有序的乌龙茶制作技艺

乌龙茶半发酵茶，依据产地不同，可分为福建闽北乌龙茶、闽南乌龙茶、广东乌龙茶及台湾乌龙茶。各产区乌龙茶制作工艺流程基本一致，一般为：茶青采摘—晒青或萎凋—做青—杀青—揉捻—烘干（初烘、摊凉、复烘）—毛茶；精制工序为：毛茶—归堆、定级—筛号茶取料—拣剔、风选—筛号茶拼配—干燥—摊凉—匀堆—自检—定量包装—产品茶。而各产区乌龙茶又因特定工序的制法不同，而产生的茶品品质特征差异较大。

闽北乌龙茶 以大红袍、武夷岩茶为代表的闽北乌龙茶，做青与烘焙工艺较为独特。做青是形成武夷岩茶特有的绿叶红镶边和品质风格的关键工艺，其工艺是摇青和静置工序反复交替进行。做青目的是在适宜的温湿度等环境条件下，叶细胞在机械力的作用下不断摩擦损伤，形成以茶多酚酶促氧化为主导的化学变化，以及其他物质的转化与累积的过程，逐步形成花香馥郁、滋味醇厚的内质和绿叶红边的叶底。

传统武夷岩茶、武夷名丛采用手工摇青。将萎凋叶薄摊于水筛上，双手握水筛边缘，有节奏地进行旋转摇摆，使鲜叶在筛面上作圆周旋转运动和上下翻动，促使梗和叶脉内水分向叶片输送，同时损伤部分叶缘细胞。每次摇青后静置，摇青和静置反复 6—8 次，总历时 6—12 小时。摇青次数从少到多，逐次增加，一般以摇出青味为度。静置时间每次逐渐加长，每次摊叶厚度也逐次加厚，可进行并筛处理，直至做青达到标准。做青过程中叶态变化为：叶萎软无光泽—叶渐挺、红边渐现—汤匙状三红七绿；香气变化为：青气—清香—花香—果香。做青叶的适度标准为绿叶红边呈三红七绿，叶面背呈汤匙状，叶色黄绿具光泽，花果香浓郁。嫩叶手摸，柔软如绸。

岩茶的传统烘焙分毛火、足火和炖火三个工序。毛火采用木炭明火烘焙。武夷岩茶烘焙时，焙温从高到低顺序排列，焙笼快速从温度高到较低的焙窑移动，以蒸发水分。毛火因流水作业，且烘焙温度高，速度快，故又称抢水焙、走水焙。足火，是在

武夷岩茶采摘茶青（王雨婷摄）

武夷岩茶机械做青工艺

武夷岩茶手工做青工艺（王文震演示）

走水焙结束后，将毛火叶置水筛上摊放凉索，边凉索边拣云黄片、梗朴，再足火烘焙。岩茶足火后，继续进行烘焙，俗称炖火。炖火可增加岩茶色度与耐泡度，使茶汤更加醇厚，香气进一步熟化，提高岩茶品质。

闽南乌龙茶　以安溪铁观音为代表的闽南乌龙茶，做青工艺较为讲究。摇青的关键是促进芳香物质的转化及红边的形成。铁观音一般摇青 4 次：第一次摇匀，促进青叶水分分布均匀，恢复叶片生机，为摇青走水做准备，以青气微露、叶态稍紧为适度。第二次摇活，青叶稍有青气，叶面光泽明显，叶尖翘起，叶略挺，稍呈还阳复活状态，开始走水。静置后叶肉绿色转淡，叶锯

武夷岩茶烘焙工艺（王雨婷摄）

铁观音做青工艺

铁观音包揉工艺（匠农志摄）

齿红变，微有红边。第三次摇红，摇至做青叶有沙沙声响，此时青气浓烈、鲜叶挺硬，为摇青适度。静置后走水明显，叶缘背卷略呈汤匙状，红边显现，叶面隆起处有红点，叶色转黄绿，青气退，清香起，即可再次摇青。第四次摇香，摇至略有香气出现即可厚堆，以提高叶温，促进损伤处茶多酚酶氧化，以利芳香物质的形成与积累。包揉是形成安溪铁观音卷曲紧结外形的独特工艺，即将速包机与球茶机配合使用，反复五六次，通过滚、压、搓、揉等技术，进一步揉破叶细胞，揉出茶汁，同时塑造条形卷曲呈螺旋状的外形特征。

漳平水仙是乌龙茶类唯一紧压茶，为纸裹方包茶，一泡一包，颇具特色。其制作工艺是：用边长约16厘米的白色洁净毛边纸平铺，在上放置内径边长约4厘米木模；取约14克做青适度、经杀青揉捻后的茶叶放入木模内，用木槌加压造型；移开木模，将纸包扎紧粘牢固定，随后进行烘焙即成品。

漳平水仙造型工艺（张列权摄）

简而不易的绿茶制作技艺

绿茶依初制工艺不同，分为蒸青绿茶、炒青绿茶、烘青绿茶和晒青绿茶。福建绿茶品类丰富，南安石亭绿、宁德天山绿茶、武平绿茶、霞浦元宵绿茶、七境堂绿茶、龙岩斜背茶、太姥翠芽、邵武

碎铜茶、松溪绿茶等为名
优绿茶，为炒青或烘青绿
茶。闽东地区大宗生产用
于制作茉莉花茶的绿茶茶
坯为烘青绿茶，大宗出口
的眉茶、珠茶为炒青绿茶。

绿茶的加工工艺有鲜
叶采摘、杀青、揉捻（造
型）、干燥。鲜叶采摘的
嫩度很大程度决定了绿茶
的等级：随着茶鲜叶从单
芽、一芽一叶初展、一芽
一叶、一芽二叶初展至逐
步成熟，成品茶的等级逐
渐降低。杀青是绿茶加工
的关键工序，用高温破坏
鲜叶中酶的活性，抑制多
酚类化合物的酶性氧化，
防止梗、叶红变，为形成
绿茶清汤绿叶的品质特征
奠定基础；揉捻是在外力

揉茶机（郑其瑛摄）

绿茶烘干工艺（郑其瑛摄）

的作用下，把杀青叶揉卷成条索或成卷曲状，为形成各种绿茶外形
特征打好基础。但有些绿茶如扁炒青绿茶，因造型需要则不进行揉
捻。干燥工艺中，烘青绿茶和炒青绿茶的干燥方法不同，烘青绿茶

主要采用烘干机进行烘焙，有初烘、复烘、足干等步骤，炒青绿茶采用各式炒干机进行，工序为二青、三青、辉锅等。

窨香酿韵的茉莉花茶制作技艺

茉莉花茶是以绿茶和茉莉鲜花为原料，经窨制加工，融合茉莉花香和茶香，具有香气鲜灵浓郁、滋味醇厚鲜爽品质特征的花茶。窨花是其独特的制作技艺。

茉莉花茶窨香工艺（1）（陈威威摄）

茉莉花的品种很多，优劣各异，经过无数次的尝试后，人们发现只有单瓣和双瓣茉莉最适合窨制，并以中午到下午采摘含苞待放的花蕾品质最好。鲜花在采收、运输及进厂后，要严防挤压损伤和发热，才能完成窨制过程的释香。

根据各种不同品种、等级的茉莉花茶的外形和

茉莉花茶窨香工艺（2）（春伦茶业集团有限公司供图）

质量标准配花，并将之与茶坯充分拌和。窨花时创造一个适合于茉莉花正常释香的环境。随着窨次的增多，可逐渐减少静置时间。静

置过程中都要保证一定的温度、湿度、氧气含量及茶堆的厚度，创造最佳的释香条件。首次窨制时，需要 12~14 小时的放置过程。由于鲜花的呼吸作用，当堆温上升到一定程度时，窨堆会产生发酵味。要及时翻堆散热，保证合适的堆温，利用人工不断将茶叶堆分堆，留出散热通道来，但翻动时不能伤到花。通花若不及时，就会导致鲜花受热闷死，产生水闷味，直接影响成品茶的香味的鲜灵度。经过一个晚上的静置，花里的芳香物质大部分都被茶叶所吸收，原先水灵的茉莉花的生机已衰退，此时须及时筛出花渣，防止花渣酵化而损害茶叶品质。

（三）闽茶品质特性与品鉴

茶叶品鉴的基本技法

茶叶的品鉴，一般按照茶叶外形的形状、色泽、整碎和净度，内质的汤色、香气、滋味和叶底"八项因子"进行。汤色审评其颜色种类与色度、明暗度和清浊度等；香气审评其类型、浓度、纯度、持久

张天福在讲解品茶之道（郑廼辉供图）

性；滋味审评其浓淡、厚薄、醇涩、纯异和鲜纯等；叶底审评其嫩度、色泽、明暗度和匀整度。

闻香时以闻盖香和杯香为主，每次持续 2~3 秒，热嗅（杯温 75℃）、温嗅（杯温 45℃）、冷嗅（接近室温）相结合。热嗅辨别香气纯度、高低，温嗅辨别香气类型，冷嗅辨别香气持久度。品饮时，宜用啜茶法，通过吸吮使茶汤在口腔内循环打转，使茶汤与口腔各部分充分接触，感受茶汤的纯正度、醇厚度、回甘度和持久性。品滋味时适宜的茶汤温度为 50℃。

武夷岩茶品质特征与品鉴

外形：条索壮结或紧结，色泽青褐或灰褐油润，匀整洁净。

香气：似天然的花果香，锐则浓长，清则幽远，似兰花香、蜜桃香、桂花香、栀子花香，或带乳香、蜜香、火功香等，香型丰富

武夷岩茶外形

武夷岩茶汤色

幽雅，富于变化。

汤色：以金黄、橙黄至深橙黄色，或带琥珀色，且清澈明亮为佳。

滋味：武夷岩茶滋味评判以纯正度、醇厚度、持外性为依据。纯正度是茶汤滋味表现出其自有的品质特征，以无异味、杂味为上品，以第一泡表现最为明显；醇厚度为岩茶茶汤滋味在口腔中表现出的厚重感、润滑性和饱满度，以浓而不涩、回甘持久、内涵丰富为佳，宜综合多次冲泡的滋味来判断；持久性为香气、回甘的持久程度和茶叶的耐泡程度。岩茶的品种、地域和工艺特征以第2~4泡表现最为明显。岩韵是指武夷岩茶独特的生长环境、适宜的茶树品种、优良的栽培方法和传统的制作工艺等综合形成的香气和滋味，表现为香气芬芳馥郁、幽雅、持久、有力度，滋味啜之有骨、厚而醇、润滑甘爽，饮后有齿颊留香的感觉，是武夷岩茶独有的品质特征，也称"岩骨花香"。

叶底：轻、中火的武夷岩茶叶底肥厚、软亮、红边显或带朱砂红；足火的武夷岩茶叶底较舒展、"蛤蟆背"明显。

铁观音品质特征与品鉴

外形：圆结，重实匀整，色泽乌油润或砂绿显。

香气：具清高、持久、浓郁的气息，且给人舒适、愉悦之感，如兰花香、桂花香、蜜桃果香、炒米香、樟木香等。

汤色：清香型铁观音的茶汤以汤色金黄带绿、清澈、明亮为佳，浓香型铁观音的茶汤以金黄、清澈、明亮为佳，陈香型铁观音的茶汤以深红、清澈为佳。

品饮时尤其注意领略安溪铁观音特有的音韵。铁观音的音韵是

铁观音外形

铁观音汤色与叶底

指铁观音茶树在安溪独特的生长环境下，采用优良的栽培方法和传统制作工艺，综合形成的优异品质，表现为香气幽雅、馥郁、持久，滋味醇爽，汤中带花香，回甘明显，齿颊留香。清香型铁观音的滋味以清醇鲜爽、音韵明显为佳；浓香型铁观音的滋味以醇厚回甘、音韵明显为佳；陈香型铁观音的滋味以醇和回甘、有音韵为佳。

叶底：肥厚软亮、匀齐、脉络清晰，表面光润，似绸缎面。

福建红茶品质特征与品鉴

外形：正山小种红茶外形以条索紧实、色泽乌黑油润为佳，工夫红茶外形以条索细紧多锋苗、显毫为佳。

香气：正山小种红茶香气以纯正高长，似桂圆干香或松烟香明显为佳；工夫红茶香气以鲜嫩甜香，带花果香为佳。

汤色：正山小种红茶汤色橙红明亮，工夫红茶红明亮。

滋味：正山小种红茶滋味以醇厚回甘显高山韵、似桂圆汤味明显为佳，工夫红茶滋味以醇正甘爽为佳。

正山小种外形　　　　　　　　　　　正山小种汤色

工夫红茶外形　　　　　　　　　　　工夫红茶汤色

叶底：正山小种红茶叶底以尚嫩较软有皱褶、古铜色匀齐为佳，工夫红茶叶底以细嫩显芽、红匀亮为佳。

福建白茶品质特性与品鉴

外形：白毫银针肥嫩，茸毛厚，银灰白，富有光泽；芽头肥壮挺直似针。白牡丹芽叶连枝，叶缘垂卷，芽毫显，茸毛密，银芽灰

白牡丹外形

白牡丹汤色

绿光润。

　　香气：毫香、花果香、蜜香、陈香、荷香、枣香等。

　　汤色：杏黄、深黄、橙黄、橙红、琥珀色等。

　　滋味：醇和鲜爽、生津回甜。白茶讲究蜜韵，这是白茶在独特的生长环境、适宜的品种上、优良的栽培、传统特有的制作工艺形成的清甜、甘冽、清新、鲜爽的特征。

　　叶底：柔嫩、匀整。

福建绿茶品质特征与品鉴

　　外形：炒青绿茶中的长炒青外形紧结长直，圆炒青外形圆紧如珠，扁炒青外形扁平光滑；烘青绿茶外形条索或紧直或卷曲，白毫显露。

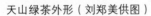

天山绿茶外形（刘郑美供图）　　　　天山绿茶汤色（刘郑美供图）

香气：炒青绿茶香高纯正持久，具有板栗香；烘青绿茶香气清纯。

汤色：浅黄绿、黄绿明亮。

滋味：炒青绿茶滋味浓醇爽口，烘青绿茶鲜爽醇和。

叶底：嫩绿明亮。

福建茉莉花茶品质特性与品鉴

外形：与窨制所用的名优绿茶或特殊形态的绿茶茶坯保持一致。如茉莉银针，外形呈针芽状，白毫显；茉莉珍珠螺，外形紧卷呈盘花，白毫显；茉莉龙珠，外形滚圆如珠，白毫显；茉莉凤眼，外形呈凤眼形；茉莉白毛猴，外形肥嫩卷曲，白毫显；茉莉银环，外形呈小圆环状，白毫显。

茉莉龙珠外形

茉莉花茶汤色（孙云摄）

香气：浓郁、鲜灵悠长。

汤色：黄绿明亮。

滋味：鲜醇爽口。

叶底：嫩绿或黄绿明亮

六

艺术品饮说茶艺

一

（一）茶艺——艺术性饮茶

茶艺古已有之，但在很长的时期都是有实无名。中国古代茶书，如唐代陆羽《茶经》，宋代蔡襄《茶录》、赵佶《大观茶论》，明代朱权《茶谱》、张源《茶录》、许次纾《茶疏》等，虽无"茶艺"一词，但可见一些与茶艺相近的词或表达，如"茶道""茶之为艺"。

"茶艺"一词是以中国民俗学会理事长娄子匡教授为主的一批茶的爱好者在 1977 年提出的，旨在倡议弘扬茶文化，恢复弘扬品茗的民俗。丁以寿教授在《中华茶艺概念诠释》一文中对"茶艺"诠释为：茶艺即饮茶艺术，是艺术性的饮茶，是饮茶生活艺术化。中国是茶艺的发源地，目前世界上许多国家、民族具有自己的茶艺。中华茶艺是指中华民族发明创造的具有民族特色的饮茶艺术，主要包括备器、择水、取火、候汤、习茶的技艺，以及品茗环境、仪容仪态、奉茶礼节、品饮情趣等。茶艺是综合性的艺术，它与文学、绘画、书法、音乐、陶艺、瓷艺、服装、插花、建筑等相结合构成茶艺文化，茶艺及茶艺文化是茶文化的重要组成部分。

1984 年，台湾大学农艺学系吴振铎教授提出"清、敬、怡、真"的茶艺精神。1989 年，浙江农业大学庄晚芳教授在上海《茶报》发表了"中国茶德"：廉、美、和、敬。廉，廉俭育德；美，美真康乐；和，和诚处世；敬，敬爱为人。1996 年，茶学家张天福总结性提出"中国茶礼"：俭、清、和、静。俭，茶尚俭，即勤俭朴素；清，茶贵清，即清正廉明；和，茶尊和，即和衷共济；静，茶致静，即宁静致远。1999 年，李波韵提出茶道精神理念：纯、雅、礼、和。纯，茶性之纯正，茶主之纯心，化茶友之净纯；雅，沏茶之细致，动作之优美，茶局之典雅，展茶艺之神韵；礼，感恩于自然，敬重于茶农，诚待于茶客，联茶友之情谊；和，人与人之和谐，人与茶、人与自然之和谐，系心灵之挚爱。

（二）习茶"六宜"

茶艺是一门生活艺术，构成这门艺术的六要素是茶、器、水、境、时、艺。只有这六要素协调组合，才能相得益彰，为宾客带去最好的茶生活体验。茶人习茶，通过视觉、味觉、嗅觉、触觉、听觉等，

不同品质风格的铁观音汤色

感受茶的形态、色泽、滋味、香气，静心领悟涤器、煮水、泡茶、品饮诸过程的韵律之美。

用茶

以茶待客，要选好用茶。选茶应注意两个方面：一是茶艺师运用所掌握的茶叶审评知识，判断、选择品质最优的茶叶奉献给客人；二是根据客人的喜好来选择茶叶的品类，同时根据客人的口味的浓淡来调整茶汤的浓度。

为增加饮茶的情趣，可根据季节变化有所侧重选择适宜茶品，如：春季饮花茶，感受万物复苏，繁花飘香的春天气息；夏天饮绿茶、白茶，消暑止渴；秋季饮乌龙茶，品赏茶香，尤适于家庭团圆时饮用；冬季饮红茶，暖胃驱寒，增加营养。同时也应根据饮客人的体质状况，选择适合的茶。

不同茶类的茶性及品质特征见表6-1。

表6-1　六大茶类的茶性及品质特征

茶类	属性	品质特征
绿茶	寒凉	清汤绿叶，香气清香，滋味鲜醇和
红茶	温和	红汤红叶，工夫红茶有甜花香，小种红茶带松烟香；条索型红茶滋味甜醇，红碎茶滋味浓强鲜爽
乌龙茶（青茶）	温凉	绿腹红边，花果香浓郁，滋味醇厚回甘显。其中，安溪铁观音带音韵，武夷岩茶有岩韵
黑茶	温和	棕汤棕叶，香气陈香，滋味陈醇
白茶	寒凉	汤杏黄叶披毫，香气毫香，滋味醇和
黄茶	平和	黄汤黄叶，香气甜熟，滋味甘醇

备器

"一器成名只为茗，悦来客满是茶香。"中国茶器文化源远流长，从唐陆羽"二十四器"，宋建阳水吉黑盏、官哥汝定钧五大名窑，明清景德镇青花瓷、宜兴紫砂壶，种类繁多，造型优美，既有实用价值，又富艺术之美。现代茶具多种多样，其质地有陶土、瓷器、玻璃、金属、漆器、竹木等，功能有烧火、煮水、承载、盛茶、泡茶、饮茶、辅助、清洁、调味、贮物等。选择茶器时应因茶制宜，因人制宜，因艺制宜，因地制宜，发挥创造性，进行合理搭配。六大茶类根据其茶性差异，选用不同的器具（表6-2）。

表6-2　不同茶类特性及适宜的器具组合

茶类	主茶器	辅茶器
绿茶、黄茶、白茶（白毫银针、白牡丹）	玻璃杯或盖碗若干	煮水壶、茶盘、水盂、茶荷、茶匙、茶罐，可加配茶道组、茶席布、插花作品、杯垫若干。调饮红茶可加配三层点心塔
红茶	盖碗或瓷壶（玻璃壶）、茶盅、茶杯若干。调饮红茶可加配奶盅、糖盒	
乌龙茶（青茶）	盖碗或紫砂壶、茶盅、品茗杯若干。台式乌龙茶茶艺可加配闻香杯若干	
黑茶、白茶（老白茶）	泡茶法参照乌龙茶茶艺。煮茶法应配煮茶壶（容量500毫升以上，以陶壶、铁壶、紫砂壶为主）、茶盅、茶杯若干，电陶炉或风炉	

取水

赵佶《大观茶论》载："水以清轻甘洁为美。轻甘乃水之自然，独为难得。古人品水，虽曰中泠、惠山为上，然人相去之远近，似不常得。但当取山泉之清洁者。其次，则井水之常汲者为可用。若江河之水，则鱼鳖之腥，泥泞之污，虽轻甘无取。"现在泡茶用水，不管用什么水，都要符合《生活饮用水卫生标准》（GB 5749）和《食品安全国家标准　包装饮用水》（GB 19298）的要求。

关于泡茶水温，陆羽《茶经》载："其沸如鱼目，微有声为一沸，缘边如涌泉连珠为二沸，腾波鼓浪为三沸，已上

有"闽都第一泉"之称的千年古井苔泉，其泉水是蔡襄提倡的斗茶用水。"苔泉"二字系蔡襄所题

水老不可食也。初沸则水合量，调之以盐味，谓弃其啜余，无乃而钟其一味乎？第二沸出水一瓢，以竹筴环激汤心，则量末当中心，而下有顷势若奔涛，溅沫以所出水止之，而育其华也。"田艺蘅《煮泉小品》说："汤嫩则茶味不出，过沸则水老而茶乏。"实践表明，以水沸为二沸时最佳。若冲泡嫩度好的茶，可将二沸水作降温处理后再行冲泡。

选境

明代书画家、文学家徐渭在《徐文长秘集》记："品茶宜精舍、宜云林、宜寒宵兀坐、宜松风下、宜花鸟间、宜清流白云、宜绿鲜苍苔、宜素手汲泉、宜红妆扫雪、宜船头吹火、宜竹里飘烟。"

明代许次纾《茶疏》，对"饮时"提出"二十四宜"：

心手闲适　披咏疲倦　意绪梦乱　听歌闻曲

歌罢曲终　杜门避事　鼓琴看画　夜深共语

明窗净几　洞房阿阁　宾主款狎　佳客小姬

访友初归　风日晴和　轻阴微雨　小桥画舫

茂林修竹　课花责鸟　荷亭避暑　小院焚香

酒阑人散　儿辈斋馆　清幽寺观　名泉怪石

该书同时提出"不宜近"：阴室、厨房、市喧、小儿啼、野性人、童奴相哄、酷热斋舍。

古人对品茶之境要求十分严格，甚至有环境不好而宁可不饮的前例。茶道自然，如果所处环境过于不堪，纷扰不断，定然不能品茶。所瀹之茶，所瀹之境必然两两相宜，才能得茶之趣，品茶之味。

择时

十二时，是中国传统的时间度量。古人讲究"知天时，顺四时，择时日""食有时，动有节，持有度"。结合茶特有的生理功效、社交属性及现代人的起居、作憩的习惯与特点，习茶可选巳时、申时、戌时进行。

巳时为上午9时至11时。"朝九晚五"是现代白领的工作节奏，上午9时开始工作前，喝茶可益思。至10时半，有所困顿，喝茶可清神，有助提高工作效率。申时为下午3时至5时，中华茶馆联盟监事长王琼倡导申时茶。他认为，在申时补充水分，会让茶里的有机物质更好地参与人体代谢，因此申时是全天最佳喝水排毒时间。

英式下午茶

这恰与英式下午茶的习茶时间相吻合。戌时为晚上7时至9时，此时便于家亲好友相聚相约，以茶助叙，话聊人生，升华情感。

精艺

"以美的姿态泡好一杯中国茶。"要求习茶艺者容貌精神、面带微笑，衣妆大方端庄、朴素典雅，内心平和谦逊；泡茶动作柔和优美、圆融流畅、简洁明快，流程连绵自然、寓意素雅、不矫揉造作。茶艺者采用最优的泡茶程序，达到人、茶、器的融合，带领宾客体验不同的茶汤风情与心灵升华的茶美生活。

泡茶的基本程序为：备器、煮水、温具、置茶、润茶、冲泡、奉茶、品茶、续水、收具。依据茶叶品类的不同特性，选择不同的冲泡技法，以使茶汤表现更佳。

以美的姿态泡好一杯中国茶（钟明秀演示，老杨摄）

福建茶生活品饮冲泡技法见表 6-3。

表 6-3　福建茶生活品饮冲泡技法

茶名	茶叶和水比例 （克：毫升）	水温（℃）	冲泡次数与浸泡时间
白茶 （冲泡法）	1：30	白毫银针：90—95 白牡丹：95—100 其他：100	白毫银针、白牡丹：第1 泡30—35秒，第2—3泡 25—30秒，之后至第5泡 每次递增5秒； 其他：第1泡15—20秒， 第2泡10—15秒，之后至 第5泡每次递增5秒
老白茶 （煮茶法）	1：50	100	第1—3泡煮茶时间分别为 5分钟、8分钟、10分钟
红茶	1：30	90—95	第1—5泡浸泡时间分别为 10秒、5秒、15秒、20秒、 25秒

茶名	茶叶和水比例（克∶毫升）	水温（℃）	冲泡次数与浸泡时间
武夷岩茶 /闽北乌龙	1∶11—13.75	100	茶水比为 1∶11 时，第 1—3 泡浸泡时间分别为 10 秒、15 秒、20 秒；茶水比为 1∶13.75 时，第 1—3 泡浸泡时间分别为 20 秒、30 秒、45 秒
铁观音 /闽南乌龙	清香型 1∶15浓香型 1∶13陈香型 1∶18.5	100	清香型：第 1 次 40—60 秒，之后逐泡递增 10 秒；浓香型：第 1 次 30—40 秒，之后逐泡递增 10 秒；陈香型：第 1 次 20—30 秒，之后逐泡递增 10 秒
绿茶	1∶50	单芽型：80—85嫩芽叶型：85—90一般绿茶：100	第 1—3 泡浸泡时间分别为 1 分钟、2 分钟、3 分钟
茉莉花茶	1∶30	90—100	第 1—3 泡浸泡时间分别为 20 秒、25 秒、30 秒

注：表内数据主要参考福建省地方标准；在实践中如冲泡次数增加，浸泡时间较上泡适当延长。

（三）武夷大红袍茶艺

世界自然、文化双遗产的武夷山，不仅是风景名山、文化名山，而且是茶叶名山，更是名扬天下的中国茶王——大红袍的故乡。武夷大红袍为历史名茶。

①焚香静气：茶须静品，香可通灵。冲泡品饮茶王，更要营造一个祥和肃穆的气氛。焚香一敬天地，二敬祖先，三敬茶神。

②孔雀开屏：即孔雀展示自己的羽毛，借助这道程序来介绍工艺精湛的工夫茶茶具。第一把紫砂壶用来泡茶用的壶，称之为母壶；第二把紫砂壶作储备茶汤用的海壶，称之为子壶。二者共称母子壶。此外，还有闻香杯、品茗杯、茶道组等。

③火煮山泉：泡茶用水极为讲究。宋代大文豪苏东坡精通茶道，他说："活水还须活火烹。"活煮甘泉，即用旺火来煮沸壶中的山泉水。

④叶嘉酬宾："叶嘉"是宋代诗人苏东坡对茶叶的美称。"叶嘉酬宾"即鉴赏茶叶，赏其外形、色泽，以及嗅闻香气。

大红袍茶艺（焚香静气）（厦门海洋职业
技术学院茶艺队演示）

大红袍茶艺（孔雀开屏）

⑤孟臣沐淋：孟臣是明代制作紫砂壶的一代宗师，他制作的紫砂壶被后人叹为观止，视为至宝，所以后人把名贵紫砂壶称为孟臣

壶。"孟臣沐淋"，就是用开水浇烫茶壶，目的是洗壶，并提高壶温。

⑥若琛出浴：茶是至清至洁、天涵地毓的灵物，用开水烫洗干净的品茗杯和闻香杯，使杯身杯底一尘不染，也表示对嘉宾的尊敬。

⑦茶王入宫："臻山川精英秀气之所钟，品俱岩骨花香之胜。"将名满天下茶王——大红袍请入茶壶。

⑧高山流水：武夷茶艺讲究高冲水、低斟茶，高山流水有知音。悬壶高冲倾泻而下的热水犹如武夷山的瀑布，使茶叶在壶内随着水流翻滚，与水充分融合。

大红袍茶艺（高山流水）

⑨春风拂面：用壶盖轻轻刮去茶汤表面的白色泡沫，以便使茶汤更加清澈亮丽。

⑩清液入海："头泡汤，二泡茶，三泡四泡是精华。"把第一泡茶汤直接注入茶盘。

⑪重洗仙颜：意寓第二次向壶内注水，后用细流淋浇壶身，保持壶温。让茶在滚烫的壶中，孕育出香，孕育出味，孕育出妙不可言的岩韵。

⑫母子相哺：将母壶孕育的茶汤注入子壶中，体现人世间最珍贵的母子亲情。

大红袍茶艺（母子相哺）

⑬祥龙行雨：将子壶中

的茶汤快速而均匀地注入闻香杯，称为"祥龙行雨"，取"甘霖普降"的吉祥之意。大红袍属于乌龙茶类，其汤色呈亮丽的琥珀色，出汤时如蛟龙吐水。

⑭龙凤呈祥：将品茗杯扣于闻香杯上，将香气保留在闻香杯内，称为"龙凤呈祥"，寓意天下有情人终成眷属。

⑮鱼跃龙门：双手把双杯合好翻转过来。中国古代神话传说，鲤鱼翻身，跃过龙门，可化龙升天而去，借此祝宾客跳跃一切险阻，事业发达。

⑯敬奉香茗：坐酌淋淋水，看间涩涩尘，无由持一碗，敬于爱茶人。

大红袍茶艺（鱼跃龙门）

⑰闻香赏色：轻轻端起闻香杯，倾斜45°，把高口的闻香杯放在鼻前轻轻转动，便可喜闻幽香，赏杯里如同开满百花的幽谷。随着温度降低，可闻到不同芬芳。大红袍的茶香锐则浓长，清则悠远，甜润鲜灵，变化无穷，如梅之清逸，如兰之高雅，如果之甜润，故称为"天香"。大红袍的茶汤清澈艳丽，呈深橙色，注意欣赏。

⑱细品佳茗：品茶时，啜入一小口茶汤后，让茶汤在口腔中翻滚，并冲击舌面，与味蕾充分接触，以精确品出大红袍的真香、兰香、清香和纯香。

茶王大红袍，茶艺十八道，暗含武夷山九曲十八湾之寓意。祝各位嘉宾生活像大红袍一样芳香持久，回味无穷！

（四）安溪铁观音茶艺

"谁人寻得观音韵，便是百岁不老人。"安溪铁观音品饮艺术，讲究茶叶之优质、泉水之纯净、茶具之精美、茶艺之高雅、茶境之和谐。安溪铁观音茶艺，源于民间功夫茶，浓缩着中华茶艺的精华。优雅的茶艺表演，传达的是纯、雅、礼、和的茶道精神，体现了人与人、人与自然、人与社会和谐相处的神妙境界，使人们在品茶的过程中，得到美的享受。

①神入茶境：首先造就一种宁静平和的品茶氛围。

②茶具展示：安溪铁观音功夫茶茶具：炭炉、水壶、盖碗、茶杯、茶罐、茶匙、茶斗、茶夹。

③烹煮泉水：好茶须好水。山泉为上，河水为中，井水为下。用100℃的沸水冲泡，效果最佳。

④沐淋瓯杯：用开水烫洗盖碗和茶杯。

⑤观音入宫：借助茶斗和茶匙将铁观音茶叶放入盖碗中。

⑥悬壶高冲：铁观音冲泡讲究高冲水，低斟

铁观音茶艺（悬壶高冲）（厦门海洋职业技术学院茶艺队演示）

茶。悬壶高冲，可以使茶叶在盖碗中翻滚，促其早出香韵。

⑦春风拂面：用杯盖轻轻刮去茶叶表面的浮沫。

⑧瓯里酝香：安溪铁观音素有"绿叶红镶边，七泡有余香"之美称，是茶中的极品。其生产环境得天独厚，采制技艺十分精湛，是天、地、人、种四者的有机结合。茶叶入瓯冲泡，必须等待 1~2 分钟，方能斟茶。

⑨行云流水：提起盖碗，循托盘边沿绕一周，让在瓯底附近的水滴落。

⑩观音出海：也称关公巡城，就是端起盖碗，按序低斟入杯。

⑪点水留香：也称韩信点"宾"，将盖碗中的茶水点斟入杯。观音出海和点水留香是为了保持每杯茶水的浓淡均匀，也是为了表达对各位品茗者的平等和尊敬。

铁观音茶艺（观音出海）

⑫敬奉香茗：铁观音品饮，需要"五官并用，六根共识"，鉴赏汤色，细闻幽香，品啜滋味。呷上几口，您会觉得味道甘鲜，齿颊留香，回味无穷。

从来佳茗似佳人。安溪铁观音茶艺，演绎的是和谐自然，体现的是健康快乐。

（五）宁德坦洋工夫茶艺

> 人说茶是草中仙，日月光华入芽尖。
> 蒙蒙漠漠香色绝，更须妙手巧烹煎。
> 兰花指动行云过，满月无缺道无边。
> 红袖轻舞博真艺，纯雅礼和此中间。

红汤红叶的坦洋工夫茶，红得温馨，红得吉祥，红得浪漫。一杯在手，茶香四溢，含蓄而厚重，暖暖的、微微的甜，给人一种宁静、温暖的情调。坦洋工夫，它那馥郁的醇香穿越时空，袅袅而来，弥漫中国和世界，带给人间无限的温暖和美丽，占尽了中国红茶的风流。

清饮法

清饮，就是不加任何调味品，使坦洋工夫红茶发挥它本色本香的韵味。

茶器：为了更好地欣赏红茶汤色，一般选用白瓷或玻璃茶具。

①洁杯温盏：用初沸的水烫洗茶具，洗去尘埃。同时为茶壶、茶盏升温。茶洗中的茶盏在沸水中滚动，动作轻巧、熟稔、流畅。

②红袖添香：按饮茶人的需要，用茶针将茶荷中的红茶轻轻地拨入茶壶中。一般加入5克。入壶时，可以赏茶。坦洋工夫茶被誉为"白云山中的红颜女子"，"身段"清秀匀整，白毫纤细，色泽乌润透红，

恰似披着白云山间的佛光。

③**轻浣红尘**：茶生山中，性本洁净，但冲泡前还是要润茶。不仅为了清洁，也为了让茶叶更好地浸润。洗茶时间不能太久，注水后，将壶逆时针轻轻转动片刻，就可将开香茶倒入茶海。

④**水木交融**：就是悬壶高冲，注入沸水。注水

工夫红茶茶艺（红袖添香）（丁尹涵演示，王雨婷摄）

要一气呵成，盖好壶盖，让水和茶在壶中相互交融、激荡，充分浸润。这是冲泡坦洋工夫的重要环节。泡坦洋工夫最好用软水，所谓"精茗蕴香，借水而发，无水不可与论茶也"。水温一般在95℃以上。要高冲，飞流直下，才能使红茶的色、香、味充分释放出来。大约浸泡2—3分钟，就可以轻轻将壶摇晃，使壶中茶水流转均匀。

⑤**斟茶敬客**：经过滤勺，斟茶入公道杯，然后把杯中的茶水循环斟入盏中，直到点点滴滴，让每一盏的茶色、香、味均衡一致。欣赏坦洋工夫华丽优雅的香气、鲜艳浪漫的红色、醇厚甜和的滋味。坦洋工夫，生态、和谐、健康、高贵。一杯红茶，一份心情，一种人生。祝您的人生一如坦洋红茶，吉祥、温馨、幸福！

调饮法

在红茶中加入调料，使红茶的香味更加丰富、浓郁。茶性如人。

坦洋工夫性情温和，宽容善纳，能与花卉、水果、牛奶，甚至葡萄酒、高粱酒和谐交融。调制成的饮品具有别样的风味，异彩纷呈。以下介绍"醇香奶酒茶"茶艺。

调饮红茶茶艺
（海洋职业技术学院茶艺队演示）

茶器：西式带柄的瓷杯为宜。

调料：坦洋工夫、方糖、茅台（或五粮液）酒、鲜牛奶、咖啡、柠檬片（切一小口，以便衔于杯口，并抹上少许砂糖备用）。

①洁杯温盏：与清饮法相同。

②红袖添香：与清饮法相同。

③水木交融：与清饮法相同。

④斟茶入杯：将泡好的红茶注入杯中，调和鲜奶和咖啡，搅匀后沿杯缓缓注入红茶中。

⑤方糖浴火：用茶夹夹起方糖，置于勺子上。把适量的高度醇酒浇淋方糖。用火柴点燃方糖，让蓝色火苗燃烧片刻，放入茶汤之中。

⑥柠檬衔月：夹起柠檬片，衔在奶茶杯沿，别有情调。这是下午茶常见的做法，俄罗斯人喜欢在红茶里添加柠檬，英国人称添加柠檬的红茶为俄罗斯茶。

⑦奶茶敬客：这款红奶茶，汤色艳如晚霞，滋味鲜美，香气浓烈清芬。品饮此茶，口齿涵香，别具意境，令人难以忘怀。

（创作者：杨柳）

（六）福州茉莉花茶茶艺

福州，一座古老的茉莉花城，如茉莉花般优雅娴静。榕城有着古老的三坊七巷，弥漫着淡淡的茉莉花香，飘散着浓浓的茶乡情。黄昏雨幕里，我们点起小橘灯，为您泡一杯清清的茉莉花茶。

（润具）一帘诗雨潜入巷，润净晶莹剔透壶。

打起油纸伞，在雨里深入坊巷，古香古色的老木屋说尽人世的沧桑变幻，而那高高翘起的飞檐，以天为纸，描出山水画的色彩。雨滴落脸庞，心静了，恰如准备好了与你美丽的邂逅。

（赏茶、投茶）天赋仙姿逞芳菲，玉骨冰肌出香阁。

茉莉花茶，心中天仙般的女子，闻见你的芬芳，便走进如画般碧沉香泛的意境。你的鲜灵有别于其他花茶，幽雅纯静，香而不浮，鲜而不浊。

（润茶）新浴最宜纤手作，自古偏得人爱怜。

佳人沏泡，冰清玉落，花影叠翠，却是香窨佳茗，流芳杯盏间，沁人心脾。

（注水）细流翻飞茶身骨，相随露华展轻梢。

孕着清雅、鲜灵的芬芳，茉莉含苞缓缓初展，吐香绽放。

（待汤）小盏春水为谁落，点点繁星念故人。

待汤时分天已开，凭窗望见安泰河畔，隐隐两三烟树，桥前水岸花面相映，虽已不见千帆，却见繁星落人眼，梦照画堂，多少奇遇由此生，多少诗人、茶人、佳人齐聚这里……

（加茶、注汤）花与茗情浸沉水，化作杯里暗香流。

清澄的茶汤涓涓注入杯中，这水晶杯便成为你演绎的水榭戏台。你的秀姿飘飘舞，婀娜又潇洒，那曾经的花开花落，也随你的绽放如诗如画。

茉莉花茶茶艺（注汤）（海洋职业技术学院茶艺队演示）

（奉茶）三坊馥郁会来客，七巷甘露相酬宾。

卷帙浩繁的三坊七巷，华丽辉煌，喧闹声中取静时，一杯茉莉花茶，以诗歌的姿态氤氲着"人间第一香"的芬芳，以它的小承载和包容来自四面八方人的多样梦想。尊敬的来宾，愿您用心品这"看尽人间繁华，却确依然素洁"的馥郁甘露。

（闻香、品茗）醍醐兰芷若未感，榕城待您再来时。

捧杯茉莉在手，轻摇深吸，可感"香薄兰芷"；再摇细啜，可感"味如醍醐"；如若不得感受，待君得闲再到榕城来，我们相约深巷续品这茉莉花茶，定是极好的！

茉莉花茶茶艺（品茗）（福建农林大学茶艺队演示）

可喜别时晴月照，祝君合家多安好！还愿茉莉香久远，坊巷茶韵永流传。

（创作者：张娴静）

（七）福鼎白茶茶艺

海上有仙都，太姥美名传。年年神仙聚会，一壶白茶飘香。

福鼎，这一方山水钟灵毓秀，驻留了仙子轻盈曼妙的舞步。

太姥山，这一座奇绝东南的仙都，播撒着勤劳、智慧和淳朴。

日月天地的精华，含辛茹苦的耕耘，化作一缕缕清香，以福鼎白茶的芳名定义——这人世间永恒的美。

（入境）茶香礼圣，净气凝神。茶须静品，一呼一吸，以空明虚静之心，去体悟白茶极品"纤细若绣针，洁白似银梭"中所蕴含的大自然的信息。

（赏茶）白毫银针，芳华初展。白毫银针是白茶中的极品，它将茶的美味与花香融于一体。而福鼎所产的白毫银针更是极品中的极品，曾先后多次荣获国家名茶称号。它全身满披白毫，外形纤纤芬芳。

（温具）流云佛月，洁具清尘。白茶的冲泡以选用玻璃杯或瓷壶为佳。之所以选用玻璃杯，是因为它不仅能够有效地保留白茶的原汁原味，同时还可以清晰地观察到茶叶在冲泡过程中的微妙变化。

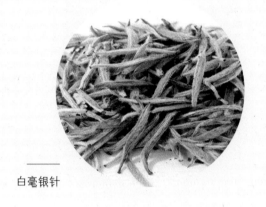

白毫银针

用沸腾的水"温杯"，不仅为了清洁，也为了茶叶内容物能更快地浸出。

（置茶）静心置茶，纤手播芳。置茶要用心。置茶量根据茶具的容量，同时也应该考虑到饮者的喜好。以北方人和外国人饮白茶为例，普遍更偏爱香高浓醇的白茶，可投茶 7~8 克；而南方人喜欢茶之清醇，可适当减少置茶量。

（润茶）雨润白毫，匀香待芳。白毫银针因其外表披满白毫，所以在进行茶叶冲泡时称作"雨润白毫"。先向茶杯中注入适量沸水，目的是为了温润茶芽，轻轻摇晃，叫做"匀香"，以便茶叶在冲泡过程中能够迅速释放出茶香。

（冲泡）乳泉引水，甘露源清。好茶应用好水冲，山间乳泉是泡茶的最佳水源。温润茶芽之后，采用悬壶高冲之法，观察白毫银针茶在杯中翩翩起舞，如仙女飞舞，壮观美丽。

（奉茶）捧杯奉茶，玉女献珍。茶来自大自然云雾山中，是得天地之灵气的一种灵物，能够带给人间最美好的感受。一杯由茶在手，万千烦恼皆休。

（品茶）春风拂面，白茶品香。这杯中的太姥银针，如昂然挺立的旗枪、破土而出的春笋，又如婉转柔嫩的雀舌、浴水而立的仙女，洋溢着蓬勃的生机，充盈着生命的张力，闪烁着激情的光芒，又散发着大地的芬芳。它的甘甜、清冽，使茶人产生一种不可言喻的香醇喜悦之感。

白茶碗泡法茶艺（福建农林大学茶艺队演示）

七

功勋卓著闽茶人

一

（一）蔡襄

蔡氏家族世居福建路泉州府（兴化军）仙游县慈孝里赤湖蕉溪（今福建省仙游县枫亭镇九社村青泽亭自然村蔡坑）。蔡襄（1012—1067），字君谟，童年时受到外祖父的严格教育。天圣九年（1031），蔡襄登进士第十名。次年，授漳州军事判官，在职四年。后历任西京留守推官、馆阁校勘等职。庆历四年（1044），调知福州。庆历六年（1046）秋，改任福建路转运使。蔡襄不仅是政治家、文学家、书法家，而且也是茶学家。

五代时期，王审知在福建建闽国，北苑茶园成为专门生产贡茶的官家茶园。闽国灭亡之后，南唐后主李煜派官员专程到建安设立"龙焙"，监制"建茶进御"。指定专制"龙茶"。到了宋代，丁谓任福建转运使，监制御茶时尤重御茶采摘制作的"早、快、新"。如"社前十日即采其芽，日数千工繁而造之、逼社即入贡"。由于采制甚精，在丁谓手中，北苑茶已誉满京华，号为珍品。到了庆历年间（1041—1048），

蔡襄像

蔡襄"创造小龙团以进，被旨仍岁贡之"（《熊蕃北苑贡茶录》）。《苕溪渔隐丛话》也说，北苑茶大小龙团"起于丁谓，而成于蔡君谟"。的确，蔡襄任福建转运使时，将北苑茶业发展到新的高峰，他从改造北苑茶品质花色入手，求质求形。在外形上改大团茶为小团茶，采用鲜嫩茶芽作原料，并改进制作工艺。蔡襄之侄儿、蔡京之子蔡绦在《铁围山丛谈》中对蔡襄在发展北苑御园茶过程有较为详细而客观的记载，肯定了蔡襄负责监制北苑之茶制作精巧，形质至极，以"小龙团"的"密云龙"和"瑞云翔龙"为佳。当时茶叶制作达到"名益新，品益出""益穷极新出，而无以加矣"水平。书中还指出做茶要抓住季节，"又茶茁其芽，贵在于社前则已进御"的新鲜感。

蔡襄在自己著作《茶录》中专门论述了建安之茶。其"点茶"条云："建安斗试以水痕者为负，耐久者为胜。"同朝范仲淹在《和章岷从事斗茶歌》也提到"北苑将期献天子，林下雄豪先斗美，……斗茶味兮轻醍醐，斗茶香兮薄兰芷"。可见，北苑御园茶在北宋时期极负盛

蔡襄著《茶录》

誉。这与任福建转运使时的蔡襄有很大的关系。

尤其值得一提的是，蔡襄撰写的《茶录》一书，共二篇，800多字。上篇论茶，下篇论茶器，论述烹试的方法。凭他丰富的经验，独特的见解，再配以优美的书法，使这一著作，堪称"稀世奇珍，永垂不朽"。前人评曰："建茶所以名垂天下，由公（蔡襄）也。"《茶录》除了上进给皇帝鉴赏外，还勒石以传后世。这无疑对福建茶业的发展起了很大的促进作用。此外，该书传入日本，对日本具有美学意味的"茶道"和世界茶业的发展产生了极大的影响。

（二）陈椽

陈　椽（1908—1999），又名陈愧三。出生于福建省惠安县崇武镇的一个小商人家庭。1934年，从国立北平大学农学院毕业后，在茶场、茶厂、茶叶检验和茶叶贸易机构工作。曾任福建省集美农业学校代理校长、浙江农业改进所茶叶检验处主任、福建茶业管理局技正、福建

陈椽（王镇恒供图）

131

省贸易公司茶叶部襄理、福建示范茶厂技师、政和制茶厂主任、上海复旦大学茶叶专修科主任、安徽农学院教授兼茶业系主任、安徽省茶业学会理事长、中国茶叶学会常务理事兼学术委员会主任等职务。

陈椽编著的《茶叶通史》

从民国时期开始，陈椽都在为我国茶叶事业的教育事业而奔忙。在一片空白的茶业教育中，探索建立茶叶教育体系。主编全国高等农业院校教材《制茶学》《茶叶检验学》，著有《茶业通史》《中国茶叶对外贸易史》《茶与医药》多部巨著，建立中国茶业教育体系，发表（出版）1000多万字论文或著作。1979年撰写了《茶叶分类理论与实践》一文，以茶叶变色理论为基础，提出了新的分类法，系统地把茶叶分为绿茶、黄茶、黑茶、白茶、青茶和红茶六大茶类。这是我国茶叶分类的重要理论基础。1989年获全国高等院校教学成果二等奖。

20世纪40年代，面对英国、美国、日本、印度等国某些学者提出的"茶树原产地是在印度阿萨姆"观点，陈椽在长期分析研究我国茶业发展历史和前人研究成果的基础上，1979年撰写了《中国云南是茶树原产地》一文，以大量事实进一步证实了茶树的原产地在中国云南。1年之后，陈椽又撰写了《再论茶树原产地》一文，批评了二元论和"非中心"论者的观点。

（三）庄晚芳

庄晚芳（1908—1996），福建省惠安人。1924年考取集美高等师范学校。1930年考入中央大学农学院。先后任中央大学助教、福建省茶叶管理局副局长、福建省建设局技正、中国茶叶公司研究课课长、福建协和大学教授、复旦大学农学院教授、浙江大学教授、商业部茶叶加工研究所名誉所长等职务。

—— 庄晚芳

庄晚芳长期从事茶学教育，他的学生遍布全国各地，不少人已成为茶学专业的高级技术人才。

庄晚芳是我国茶树栽培学科的奠基人之一。他编著的《茶作学》，是我国现代茶树栽培学的一部重要专著，早在1959年就被译为俄

—— 庄晚芳题写的"中国茶德"

文，在苏联出版。他撰写的《茶树生物学》，是我国第一本系统论述茶树生物学特性的专著。该书对国内外茶学界长期争论的茶树原产地问题进行了全面、系统的论证，提出科学推断："云南是茶树原产地的中心，四川、贵州、越南、缅甸和泰国北部是原产地的边缘。"庄晚芳对中国茶史做过深入研究。先后发表了15篇学术论文。他撰写的《中国的茶叶》及主编的《中国名茶》和《饮茶漫谈》均被译为日文，在国外发行。

（四）张天福

张天福（1910—2017），福建闽清人。1910年出生于上海，1911年随父母回到福州。1932年毕业于南京金陵大学农学院。曾任福建省立福安农业职业学校校长、省立茶叶改良场场长、福建协和大学农学院教授、崇安茶叶试验场场长、福建省农业改进处处长、福建省农业厅茶业改进处副处长等职务。

学生时代的张天福

1992 年享受国务院政府特殊津贴。张天福是我国著名茶学家，中国近现代十大茶业专家之一，被誉为中国当代茶界"泰斗"。

1935 年，张天福创办茶叶改良场和农校，开创了中国近代茶叶科研、教育之先河。1939 年，张天福率队走遍西南五省，在贵州选择茶叶发展基地，为我国西部地区发展茶产业奠定基础。1941 年，设计制作了我国第一台手推揉茶机，开启了机械制茶之先例。1952—1957 年，在茶区总结推广茶树短穗扦插育苗技术，对茶树良种选育与推广具有划时代的意义。1956 年，创建我国首批茶叶专业社团之一——福建省茶叶学会，并担任理事长。1958 年后，到基层潜心研究，推广低产茶园改造、表土回沟等生产技术，为茶产业的恢复与发展做出重要贡献。

张天福自制揉茶机

张天福用采茶机械采茶

张天福提出的"俭、清、和、静"中国茶礼

退休后，1982 年受商业部特邀，参与全国名茶评选，为促进我国名优茶发展做出重大贡献；同年任福建省农业科学院茶叶研究所技术顾问。1984 年主持福建省科委课题"乌龙茶做青工艺与设备研究"项目，于 1991 年荣获福建省科技进步二等奖，为乌龙茶加工机械化、自动化、提高品质做出重要贡献。1999 年创办"福建茶人之家"，2008 年倡议并成立福建张天福茶叶发展基金会。为了更好地让老百姓能够喝到有安全保障的茶叶，于 2013 年倡议成立福建省张天福有机茶技术服务中心，强力推进有机茶事业的发展。他致力于茶文化的倡导，提倡的"俭、清、和、静"中国茶礼，丰富了我国茶文化内涵。2005 年中国茶叶学会颁发张天福"茶叶工作奉献奖"。2014 年中国茶叶学会授予张天福"终身成就奖"。

┃（五）庄任

庄任（1916—2007），福建晋江人。1940年毕业于南京中央大学农业化学系农产制造专业，获学士学位，留校任助教并负责农产制造所工作。

1939年，受邀到复旦大学筹建茶叶系。1941年，茶叶研究所在福建省崇安武夷山成立，庄任先后任该研究所的助理研究员、副研究员，负责制茶组工作。曾担任福建集美高农教师兼农产制造室主任、福建省

庄任（刘世全供图）

农林公司技师兼业务科长、福建省农学院兼职副教授。1950年起，庄任在福建茶叶进出口公司从事茶叶技术工作，直至退休，长达50年。1982年，福建省人民政府授予他高级工程师职称，1988年起享受教授、研究员待遇。曾任福建省茶叶学会第一至第四届副理事长、名誉会长。曾任中国茶叶博物馆技术顾问。

庄任长期从事茶叶加工、经营管理和出口贸易工作。对白茶、茉莉花茶及乌龙茶等做过系统研究，为发展福建茶业做出贡献。自1956年福建省茶叶学会成立以来，庄任一直热心于茶叶学术交流，

专业期刊编辑出版，茶文化资料收集和茶史探索，茶的保健功效研究，以及国内外茶事活动等工作。1985 年，庄任与陈彬藩、骆少君、高朝泉等共同编撰出版了《福建茉莉花茶》一书，对茉莉花茶（包括茉莉花）的历史、生产、窨制、成品检验及泡饮技术等做了全面论述。20 世纪 70 年代，庄任会同王乾镐、高章焕，组织省内各地茶叶技术人员编写《福建名茶》一二两辑，

庄任与张天福等一起品茶

促进了对福建各种传统名茶的产制技术及发展史的研究。此外，庄任还与张堂恒等合著《中国制茶工艺》，参加《中国茶经》《中国茶的故乡》《中国茶叶五千年大事记》等书的编写工作，为福建茶业留下珍贵的史料。

（六）林桂镗

林桂镗（1925—1996），福建仙游县人。教授级高级农艺师。

1948年，毕业于福建省协和大学农学院农学系。先后任崇安县茶叶试验场农业技师、福建省实业厅仙游甘蔗试验场场长、福建省农业科学院茶叶研究所所长、福安专区茶业技术学校校长、中国援助马里农业专家组组长、中国援助阿富汗茶叶工作组组长、福建省农业厅（局）厅长等职务。历任中国农学会、中国茶叶学会、中国甘蔗学会、中国花卉学会副理事长或常务理事，福建省农学会、茶叶学会等5个学会的会长或理事长，福建省农业科学技术委员会主任委员。

林桂镗

　　林桂镗长期从事茶叶科研和技术推广工作，是中华人民共和国成立后福建茶叶科研的带头人。他连续多年安营扎寨闽东山区，为恢复与发展茶叶生产呕心沥血。亲自试验成功茶树重修剪改造技术，推动了闽东旧茶园改造，使其成为全国的典型。他主持的低产茶园改造技术，获1978年福建省科学大会奖。1952年他引进良种云南大叶种与福鼎大白茶毗连栽植，为以后获得自然杂交种打下基础。他参加的"茶树品种资源研究"项目，1990年获国家农业部科技进步三等奖；主持的"福建茶树良种繁育与推广"项目，于1983年获福建省农业厅农技改进二等奖。特别是1961年他被选派出国，在被国外专家认定无法种茶的马里，试种茶树成功，并创制出49-60号茶叶（炒绿），获得巴黎农业博览会一等奖，在国际上为祖国赢得荣誉，为发展中马友谊做出突出贡献，因而获得国家农业部的特等奖和连升三级工资的奖励。他长期在茶叶和农业战线上从事科技管理工作，有很强的组织领导和决策能力，在茶叶栽培技术上造诣很深，先后发表《茶树重修剪研究》《茶树丰产经验》《低产茶园改造技术》等多篇论文，为我国农业、茶业的发展做出突出贡献。

———
林桂镗援外期间指导种茶

（七）郭元超

　　郭元超（1925—2001），福建莆田人。1953 年毕业于福建农学院园艺系。曾任福建省农业科学院茶叶研究所副所长、福安专区茶校教务主任等职务。1963 年派往缅甸援助考察茶叶生产。1965 年和 1968 年分别两次往马里援助该国试种茶叶。1981—1995 年任中国农作物品种审定委员会茶叶专业委员会副主任委员。

郭元超是福建省茶树育种的领头羊。他认为，良种对农业的发展是至关重要的，万物种为先。先后主持国家或部省级重点课题 20 多项，其中 11 项分别获得国家和省级科研成果奖，研究涉及茶栽培、育种、生物学、生态学等内容。主持与参加全国性的品种研究与活动。先后到省内外 50 多个重点产茶县考察，征集保存种质资源，

郭元超（陈荣冰供图）

多次调查野生大茶树，发掘了稀有品种奇曲、肖绮。郭元超编著了我国第一部《茶树品种志》，建立种质资源圃，为我国茶树良种的选育奠定基础。1978 年，选育的国优良种福云 7 号、福云 8 号、福

郭元超在马里指导种茶（陈荣冰供图）

云 23 号，获全国科学大会奖；1990 年，"茶树品种资源研究"项目获农业部科技进步奖三等奖；2000 年，"高香优质乌龙茶新品种丹桂的选育与推广"项目获省科技进步奖二等奖。主持编写的《茶树栽培与茶叶初制》，获省科普图书二等奖，参加编审《中国茶树栽培学》和《中国茶树品种资源目录》，发表论文 100 多篇。由他选育福云系列品种在全国 13 个产茶省（直辖市、自治区）安家落户，推广面积 5.3 万公顷。1978 年被授予"福建省先进科技工作者"称号，享受国务院政府特殊津贴。

八

国盛茶兴话明天

—

（一）茶园建设、管理生态化

茶已成为"清新福建"靓丽的名片之一。福建省茶区建设以生态保护为原则，推进产业与生态相协调。采取了一系列生态保护措施：严禁毁林种茶，不允许在坡度超过 25° 以上及水土流失严重、生态脆弱的山地新开垦茶园；无法进行生态改造的陡坡茶园，退茶还林；综合采取种树、留草、间作、套种、疏水、筑路等措施，保持茶园水土，改善茶园生态，保护和增加生物多样性，搞好生态茶园建设。规划到 2022 年，生态茶园占福建省茶园面积 80% 以上。

福建省未来将进一步强化茶园科学管理，严禁高度密植和过度矮化等掠夺性生产方式。全面推广有机肥替代化肥，鼓励茶园套种绿肥，增施有机肥，有效改良土壤，增强地力，促进提质增效。到

青山绿水环抱中的元泰生产基地

2022年福建省推广有机肥茶园面积超过90%。推进茶园病虫害绿色防控，加强监测预警，强化统防统治，综合应用生态调控、农艺改良、物理防控、生物防治等措施，确保产品质量安全。到2022年福建省茶园绿色防控全覆盖。

福建省将不断健全从茶园到茶的产品质量和食品安全监管体系，以保障消费者"舌尖上的安全"。绿色、有机茶产品是今后茶叶生产的发展方向。

茶园套种绿肥爬地兰

绿色防控茶园

（二）茶叶加工自动化清洁化

目前，茶叶加工传统手工作坊、机械化自动化与智能化生产并存。按照"生产环境清洁化、加工燃料清洁化、加工设备清洁化、加工流程清洁化"的要求，目前茶叶初制加工不落地机械化自动化

茶叶全自动包装机
（刘郑美供图）

生产线如雨后春笋般涌现。自动化萎凋设备、离地晒晾青设备等，提高了茶叶绿色加工的能力与水平。福建省力争到 2022 年，全省茶叶初制加工厂全部完成升级改造。茶业企业新建、扩建连续化自动化标准化精制加工生产线，有效提升了产品档次。

（三）茶叶销售拓展新模式

　　福建省通过市场培育与建设，已形成覆盖面广、多种经营形式的购销体系。福州市有五里亭、西营里、海丝农茶旅（福建）博览中心等批零兼营的市场，安溪县有"中国茶都"，福鼎有茶叶批发市场等，以及遍布各大街小巷的茶庄、茶店。

　　与实体店不同的是，茶的电子商务突飞猛进，"茶叶新零售"使用智能商业模式，在利用网络协同的基础上，加入数据智能的元素，无边际的赋能全国茶企、茶商、茶叶体验店，重构茶叶的新零售。福建醉品集团，对产品的升级和 B2O+M2O 模式的优化，锁定中国茶业新零售第一品牌，以线上 500 多万优质会员以及线下 300 多家门店来构建醉品新零售业态。

随着茶产量增加，贸易量也逐渐增长。据中商产业大数据统计数据显示，2017 年福建省茶出口量为 19.5 万吨，出口金额为 2.33 亿美元。福建茶叶销往越南、中国香港、美国、日本等 56 个国家和地区。出口茶叶格局已从乌龙茶一支独大转变为绿茶、红茶、乌龙茶、白茶等齐头并进的良好格局，出口平均单价比上年增长 13.3%。

（四）茶庄园、茶旅游融合发展

福建历史悠久，文化底蕴深厚，孕育了朱子文化、闽都文化、茶文化、瓷文化等一批内涵丰富、特色鲜明的地域文化。福建重点旅游资源可用"429"来简单概括，"4"指 4 处世界遗产：世界文化与自然双遗产武夷山、世界文化遗产福建土楼、世界自然遗产泰宁丹霞、世界文化遗产鼓浪屿；"2"指 2 处世界地质公园：泰宁、宁德（白水洋—太姥山—白云山）；"9"指 9 个独特资源：世界茶乡、神奇土楼、绿色生态、梦幻海洋、庙宇朝圣、海丝纽带、闽台渊源、温泉养生和多元文化。福建省的茶园大多环境优美，相当部分茶区坐落在自然保护区、旅游景区内，旅游资源丰富。福建省开发生态观光茶业具有得天独厚的优势。

闽东

久负盛名的坦洋工夫与坦洋村古村落，可以让游客领略工夫茶辉煌的文化。2017年，福鼎白茶文化系统入选农业部推介的以"仲秋到田间去采摘"为主题的休闲农业和乡村旅游精品景点线路项目。当地企业在经营茶叶的同时，也努力扩展茶旅文化。

坦洋工夫胡氏宗祠

风景优美的有机茶园（叶芳养供图）

闽南

名闻天下的铁观音故乡安溪，不仅拥有丰富的茶叶资源，也有着丰富的旅游资源。安溪茶文化之旅"被列为全国三条茶文化旅游黄金线路之一。如今已形成"茶文化旅游、宗教朝圣旅游、人文古迹旅游、休闲健身旅游、生态养生旅游"等五大旅游体系。安溪借鉴法国葡萄酒的庄园模式，建设集茶叶生产、茶文化体验、观光旅游于一体的铁观音茶庄园。八马、中闽魏氏、华祥苑、国心绿谷等铁观音茶庄园，都为心灵的"行走"烘托了良好的旅游氛围。

闽北

武夷山，茶山变风景，茶旅促转型。在武夷山茶叶主产区，茶旅馆、茶演出、茶庄园、茶博园、茶主题公园等遍地开花，茶园休憩品茗赏景这种全新的旅游方式渐渐成为武夷山游客的消费热点。茶旅融合，不仅让茶叶销售走出了传统市场的困境，旅游市场也因茶园美景而吸引了更多的游客。

茶园夕照（武夷山钦品张天福有机茶示范基地）

闽中

从 2000 年始，三明市以优美的茶园生态景观为基础，结合本土茶文化、养生文化，致力于将茶叶产业与旅游、文化等产业相结合，促进茶之品、茶之道、茶之旅协调融合，打造茶旅文化一体化。位于戴云山脉西侧的大田县大仙峰脚下的美人茶景区，有近千年的种茶历史，有"中国高山茶之乡""中国最美茶乡"之誉。景区建有游客服务中心、生态木屋民宿、休闲木栈道、自然步道、茶壶雕塑等游览设施，是融文化体验、环境教育、文创展示、休闲度假等功能为一体的原生态茶园，大田大仙峰·茶美人景区被评为国家AAA级旅游景区。

闽西

漳平永福的台湾农民创业园，漳平大洋北寮村融茶与美丽乡村建设于一体的茶旅，风光美不胜收。漳平的大用张天福有机茶示范基地，也是闽西一道亮丽的风景线。

漳平台湾农民创业园鸿鼎茶庄园（李志鸿供图）

（五）闽茶推广宣传力度加大

近年来，福建省有关部门组织了"闽茶中国行""闽茶海丝行"等活动，多种形式传播闽茶文化。"闽茶中国行"搭载着多彩闽茶，组成闽茶"集团军"，已成功走过台湾、上海、河南、北京、江苏、山东、四川、陕西、新疆、宁夏、澳门、重庆等 12 站。每一站都以不同主题和形式呈现福建茶产业、茶品牌的生机与活力，以及闽茶文化的博大精深，是福建茶业打响品牌之战的先锋之旅，已成为福建茶产业茶文化宣传推广的一张响亮的"名片"。

"闽茶海丝行"活动，以茶传道言商，促进闽茶和茶文化"走出去"，力推福建与"海丝"沿线国家和地区的经贸合作与文化交流。这成为福建农业深化对外合作的一个突出亮点。如：2017 年 2 月 20 日，福建"闽茶海丝行"西欧站经贸活动代表团抵达伦敦，拉开在英国、西班牙、法国的经贸合作之旅、文化交流之旅、话缘叙旧之旅的序幕。"闽茶文化推广中心"在此行中落地西班牙马德里、英国伦敦和法国巴黎。活动提升了福建茶叶在海外的知名度和影响力，取得明显成效。2018 年"闽茶海丝行"亚欧站活动在哈萨克斯坦阿拉木图市落幕，代表团先后走进希腊、俄罗斯、哈萨克斯坦，举办 3 场大型经贸合作与文化交流活动。

福建茶产业在"一带一路"倡议的大格局中，必将迎来更多的发展机遇与空间，闽茶的明天必将更美好。

"天下之茶建为最，建之北苑又为最。"福建有着辉煌的茶叶历史，乌龙茶、红茶、白茶、茉莉花茶均首创于福建。福建红茶等曾通过丝绸之路，运输到海外，饮誉欧洲大陆。而这一切，得益于福建得天独厚的自然条件，以及一代代茶人不懈的努力。

这一片源于闽地的绿叶，在中华茶叶史上留下浓墨重彩的一页。

本书是"八闽茶韵"丛书中的一种，简要介绍了福建茶叶的发展历史、栽培环境、品类与加工、海外贸易、闽台交流、茶人宗师、艺术品饮，以及未来展望。全书共分成 8 个部分，本书中的"悠久辉煌闽茶史"［除"（一）辉煌的福建茶业"］、"灵草精制成佳茗"、"艺术品饮说茶艺"由张娴静执笔，"悠久辉煌闽茶史"［"（一）辉煌的福建茶业"］、"丝绸之路播茶香"、"闽台茶香一脉传"、"功勋卓著闽茶人"、"国盛茶兴话明天"由郑廼辉、江铃、王振康执笔，"八闽山水出好茶"由叶乃兴、王振康执笔。本书得到福建省科学技术协会重大项目"新常态背景下的福建省茶产业发展战略思路（课题号：FJKX-ZD1501）"，以及福建省农业科学院项目"新常态背景下福建茶产业发展战略的政策支持

后记

与保障"（项目编号：A2016-7）的资助。在撰稿过程中，得到不少同行的大力支持，在此一并致谢。囿于作者学识，加上时间紧迫，书中一定有不妥之处，敬请读者不吝赐教。

作者